Christopher P. Jargocki

Eigentlich klar – oder?

Christopher P. Jargocki

Eigentlich klar – oder?

Selbstverständliches physikalisch erklärt

Springer Fachmedien Wiesbaden GmbH

Titel der amerikanischen Orginalausgabe
Christopher P. Jargocki, More Science Braintwisters and Paradoxes
© 1983 by Van Nostrand Reinhold Company Inc., New York
Aus dem Amerikanischen übersetzt von Beate Babbel, Göttingen
Bearbeitet von Hanna Weese, Neustadt a. Rbge.

1986

Alle Rechte an der deutschen Ausgabe vorbehalten
© Springer Fachmedien Wiesbaden 1986
Ursprünglich erschienen bei Friedr. Vieweg & Sohn Verlagsgesellschaft mbH, Braunschweig 1986.
Softcover reprint of the hardcover 1st edition 1986

Umschlaggestaltung: Horst Dieter Bürkle, Darmstadt
Satz: Ewert, Braunschweig

ISBN 978-3-322-83179-8   ISBN 978-3-322-83178-1 (eBook)
DOI 10.1007/978-3-322-83178-1

Inhaltsverzeichnis

Aufgaben

1
Kräfte und Bewegung

1 Dick und Jane machen einen Wettlauf über eine Strecke von 100 Yard (= 91,40 m). Dick gewinnt mit einem Vorsprung von 10 Yards. Sie wollen den Lauf wiederholen, diesmal aber, um Jane dieselbe Chance einzuräumen, soll Dick 10 Yards hinter der Startlinie losrennen. Wer ist jetzt der Gewinner, vorausgesetzt, beide laufen konstant mit derselben Geschwindigkeit wie vorher?

2 Führen Sie folgendes Experiment zu Hause durch: Heften Sie zwei Strohhalme an einem Ende mit einer Büroklammer zusammen. Legen Sie die beiden anderen Enden der Strohhalme auf einen dritten Strohhalm oder Bleistift, legen Sie eine Kugel behutsam so auf die Strohhalme, daß sie zunächst am tiefer liegenden, zusammengeklammerten Ende ruht, und ziehen Sie danach die anderen beiden Enden der Strohhalme vorsichtig auseinander (Bild). Überraschenderweise rollt die Kugel dann in Richtung zu den höher liegenden, bewegten Enden. Woran liegt es, daß sich die Kugel scheinbar der Erdanziehungskraft widersetzt?

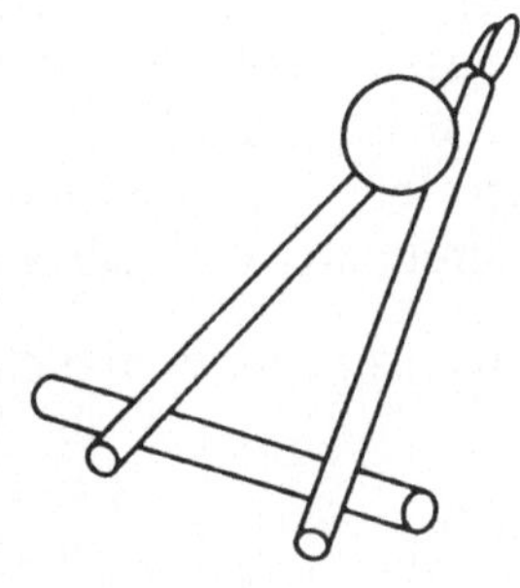

3 Was passiert, wenn man zwei identische Kanonen direkt gegeneinander richtet und die Kugeln gleichzeitig und mit derselben Geschwindigkeit abfeuert (Bild), wobei eine Kanone höher steht als die andere, aber beide exakt aufeinander ausgerichtet sind?

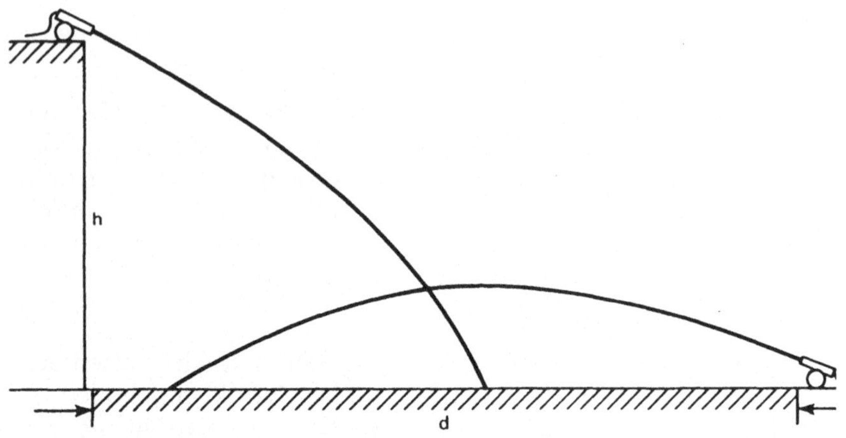

4 Schüttelt man einen Eimer, der zum Teil mit Äpfeln verschiedener Größe gefüllt ist, ein paar Minuten lang, so werden die größten Äpfel am Ende obenauf liegen. Warum?

5 Im allgemeinen sind Körper mit tief gelagertem Schwerpunkt in stabilerer Lage als Körper mit hochgelagertem Schwerpunkt. Zum Beispiel ist es relativ einfach, einen Bleistiftstummel senkrecht hinzustellen, so daß er im Gleichgewicht bleibt, aber es ist sehr viel schwieriger, das gleiche mit einem langen Bleistift zu erreichen. Paradoxerweise ist es aber viel einfacher, einen langen Bleistift mit hochgelagertem Schwerpunkt senkrecht auf einer Fingerspitze zu balancieren, als einen Bleistiftstummel. Warum?

6 Newtons Gravitationsgesetz wird manchmal durch die Gleichung ausgedrückt,

$$F = Gm_1 m_2 /d^2$$

wobei F die Kraft bezeichnet, mit der sich die beiden Körper der Masse m_1 bzw. m_2 anziehen; d ist der Abstand der Massenmittelpunkte der Körper, G eine Konstante.

Ist das eine korrekte Formulierung von Newtons Gravitationsgesetz?

7 Es gibt ein beliebtes Spielzeug, das aus fünf Metallbällen besteht, die alle gleichgroß sind, dasselbe Gewicht haben und nebeneinander in einer Reihe aufgehängt sind (Bild). Ziehen Sie einen der beiden äußeren Bälle heraus und lassen Sie ihn gegen die Reihe zurückfallen, dann wird am anderen Ende der Reihe ein Ball weggestoßen. Zieht man zwei Bälle heraus und läßt sie gleichzeitig gegen die Reihe fallen, so werden am anderen Ende der Reihe zwei Bälle weggestoßen. Offenbar können die Bälle zählen. Wie gelingt ihnen das?

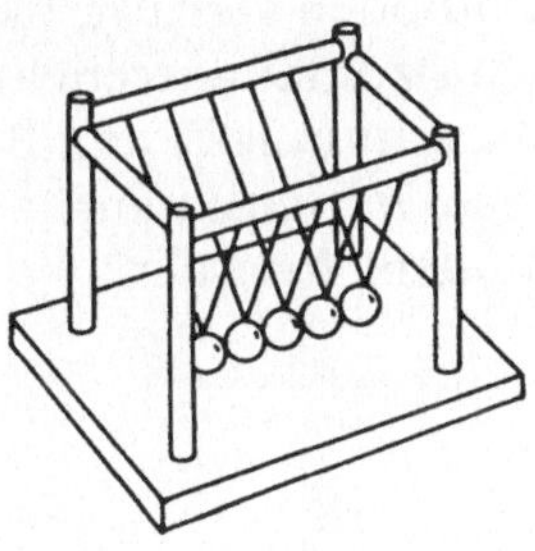

8 Angenommen, ein Ball der Masse m bewegt sich mit der Geschwindigkeit v und stößt senkrecht auf eine massive Wand. Wenn der Stoß elastisch ist, schnellt der Ball einfach mit demselben Geschwindigkeitsbetrag v zurück. Wenn das richtig ist, bleibt die kinetische Energie des Balles, die $1/2\, mv^2$ beträgt, erhalten, aber der Impuls mv nicht, weil die Geschwindigkeit des Balles jetzt in die entgegengesetzte Richtung geht. Der aufmerksame Leser könnte sagen, daß die Gesetze der Energie- und Impulserhaltung auf das gesamte System, bestehend aus Ball und Wand (oder Wand und Erde) angewendet werden sollten. Die Impulsänderung des Balles, $mv - m(-v) = 2\,mv$ ist gleich der Wand und der Erde, $MV - M \cdot 0 = MV$. Aber dann ist das Gesetz der Energieerhaltung nicht erfüllt, denn vor dem Stoß beträgt die Gesamtenergie $\dfrac{mv^2}{2}$, nach dem Stoß beträgt sie $\dfrac{mv^2}{2}$ $+\dfrac{MV^2}{2}$. Wie läßt sich dieses vermeintliche Paradoxon erklären?

9 Was ist schwerer, ein Kubikmeter großer Kohlen oder ein Kubikmeter kleiner Kohlen? Wir wollen annehmen, daß die einzelnen Kohlen in jedem Kubikmeter locker gepackt und daß sie gleichgroß und kugelförmig sind, so daß jede Kohle sechs andere berührt.

10 Ein Ball liegt auf der Erde und berührt eine Wand, die mit dem Fußboden einen stumpfen Winkel bildet (Bild). Wir können das Gewicht des Balles in zwei Komponenten zerlegen, senkrecht zur Wand und parallel zum Boden. Nach dem Newtonschen Weckselwirkungsaxiom übt die Wand eine Gegenkraft auf den Ball aus und gleicht die Komponente des Gewichts, die senkrecht zur Wand gerichtet ist, aus. Aber die Gewichtskomponente, die parallel zum Boden verläuft, bleibt unausgeglichen, der Ball muß also eine horizontal ausgerichtete Beschleunigung erfahren. Unsere Argumentation läßt den Ball jedoch völlig unbewegt, so liegt er da und wartet darauf, daß wir einen Fehler in unserer Begründung finden. Wo ist er?

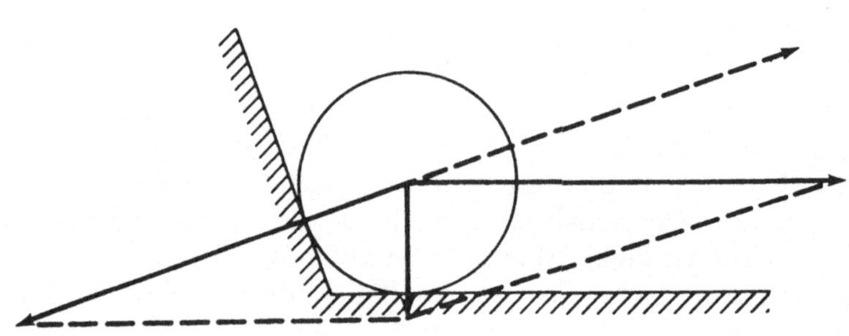

11 Man stellt einen Eimer in den Regen. Wird der Zeitraum bis der Eimer gefüllt ist, sich ändern, wenn Wind aufkommt?

12 Eine Federwaage hängt an einem langen Seil von der Decke. Ein zweites Seil wird an der Federwaage befestigt, fest angezogen, so daß die Waage 500 N anzeigt, und dann am Fußboden festgemacht (Bild). Was zeigt die Waage an, wenn man ein 300 N Gewichtsstück an den Haken der Waage hängt?

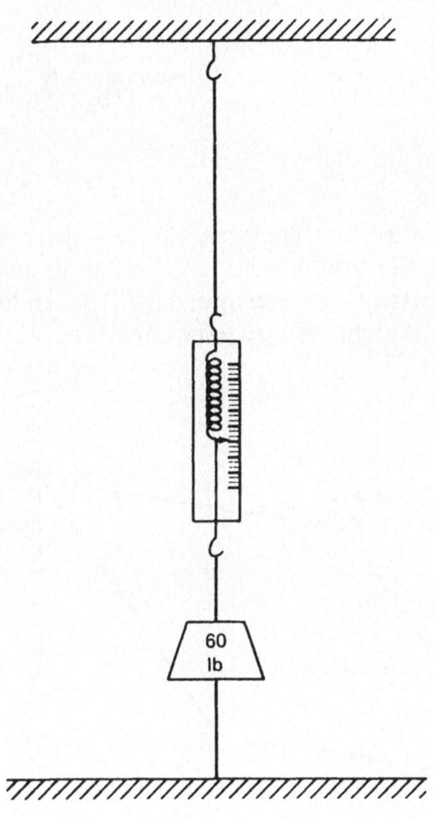

13 Betrachten Sie einen Apparat, wie er im Bild (Seite 8 oben) gezeigt ist. Er besteht aus einem Holzklotz, an dem eine lange gekrümmte Stange befestigt ist, an der wiederum zwei schwere Metallkugeln angebracht sind. Warum fällt der Holzklotz nicht vom Tisch?

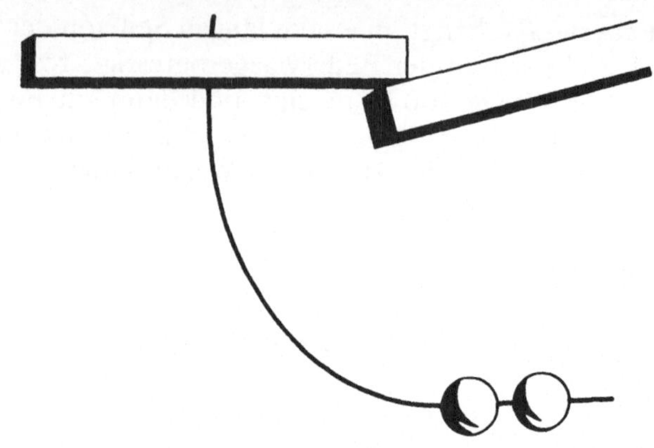

14 Bilden Sie aus vier geneigten Ebenen einen Rhombus (Bild unten). Lassen Sie von Punkt A gleichzeitig zwei Kugeln wegrollen: eine entlang der Strecke ABC, die andere entlang der Strecke ADC. Welche Kugel erreicht Ihrer Meinung nach als erste den Punkt C?

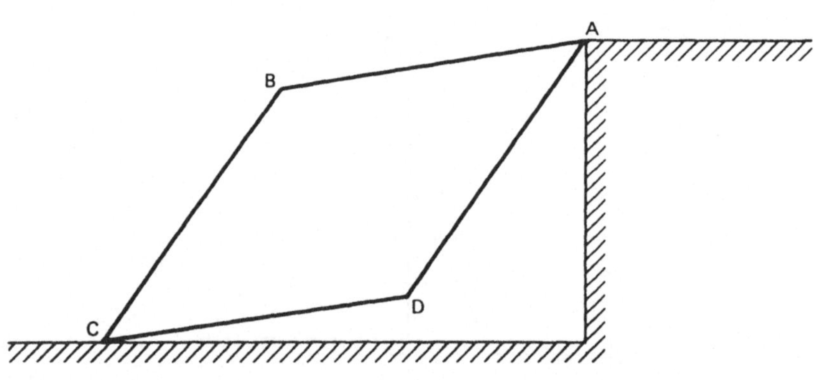

15 Der Massenmittelpunkt CM eines gleichschenkeligen Dreiecks liegt auf der Höhenlinie des Dreiecks, und zwar ein Drittel oberhalb der Basis (Bild, Teil a). Jetzt betrachten wir einen geraden Kreiskegel mit demselben Querschnitt (Teil b). Liegt der Massenmittelpunkt ebenfalls auf der Höhenlinie des Kegels, ein Drittel oberhalb der Basis?

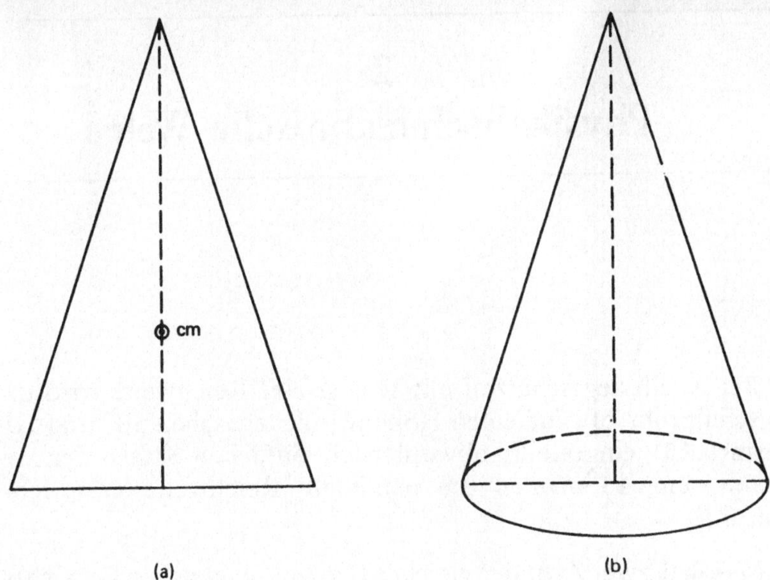

16 Zwei Körper der Masse M bzw. m werden hochgehoben und aus derselben Höhe über dem Boden gleichzeitig fallen gelassen. Unter der Voraussetzung, daß der Luftwiderstand konstant und für beide Körper gleich ist: Erreichen die beiden Körper den Boden gleichzeitig?

2
Physikalisch-technische Welt

1 Bei Artilleriegeschützen mit sehr großer Reichweite wird das Geschützrohr oft auf einen Höhenwinkel zwischen 50° und 70° anstatt 45° eingestellt, obwohl nach einfachen Sätzen der Mechanik ein 45°-Winkel die maximale Reichweite verspricht. Warum?

2 Man hat zwei Zylinder gleicher Größe und gleichen Gewichts. Sie sind aus zwei Materialien hergestellt, die verschiedene Dichten besitzen. Einer der beiden Zylinder ist hohl. Wie kann man herausfinden, welcher das ist?

3 Halten Sie einen Bleistift mit beiden Zeigefingern horizontal im Gleichgewicht! Schieben Sie die Finger zusammen! Der Bleistift ist dann immer noch im Gleichgewicht, unabhängig davon, wie die Ausgangsposition ihrer Finger gewesen ist. Wie läßt sich das erklären?

4 Warum ist es leichter, einen Pfahl mit einem schweren Hammer (sogar, wenn er sachte geschwungen wird) als mit einem leichten Hammer einzurammen, obwohl es möglich ist, den leichten mit großer Geschwindigkeit zu schwingen und ihm so eine enorme Energie zu verleihen?

5 Man verbindet zwei identische Rollen, deren Mittelpunkte auf gleicher Höhe liegen, mit einem Riemen (Bild). Die linke Rolle ist die antreibende Rolle. Ist die durch den Riemen übertragbare maximale Kraft größer, wenn die Rollen sich im Uhrzeigersinn oder gegen den Uhrzeigersinn drehen?

6 Hier ist ein Experiment, das Sie zu Hause ausprobieren können. Nehmen Sie zunächst eine Spule, vorzugsweise eine große, in der Art, wie sie zum Aufwickeln von Stromkabeln dient. Wickeln Sie ein breites Band um die Achse der Spule und lassen es zum Boden herabhängen. Jetzt versuchen Sie, an dem Band zu ziehen. Es ereignen sich erstaunliche Dinge. Dadurch, daß Sie den Winkel zwischen dem Band und der Vertikalen vergrößern, können Sie erreichen, daß die Spule auf Sie zurollt, während, wenn Sie den Winkel verkleinern, die Spule in entgegengesetzte Richtung rollt. Man kann einen Wert für den Winkel herausfinden, bei dem die Spule sich nur wenig dreht und an ungefähr derselben Stelle verharrt. Wie läßt sich dieses seltsame Verhalten der gehorsamen Spule erklären?

7 Ein Fahrrad wird in vertikaler Lage so gehalten, daß die Pedalen eine Senkrechte zum Boden bilden. Ein Mann, der auf dem Boden steht, versetzt der unteren Pedale einen horizontalen Stoß nach hinten. In welche Richtung versucht (a) das Fahrrad wegzurollen, und (b) das Pedal sich zu drehen?

8 Ein Student hält das Rad eines Fahrrades, dessen Reifen mit Blei gefüllt ist, vor seine Brust. In jeder seiner ausgestreckten Hände hält er ein Ende der horizontalen Achse. Das Rad dreht sich so zwischen seinen Armen, wie es das Bild zeigt. Nun will der Student die Ebene des sich drehenden Rades um seine vertikale Achsel leicht nach links drehen (Das bedeutet, daß die horizontale Drehachse in der Horizontalen verbleibt, während sich ihr linkes Ende seinem Körper nähert und das rechte sich von seinem Körper entfernt). Kann man diese Drehung um die vertikale Achse erreichen, indem man die rechte Hand ein wenig nach vorn schiebt und die linke ein wenig auf sich zu bewegt?

9 Kann der Haftreibungskoeffizient größer als Eins werden? Mit anderen Worten: Kann die Reibungskraft zwischen einem Körper und einer Fläche größer als das Gewicht des Körpers sein?

10 Stahlträger, die beim Bau verwendet werden, sind oft Doppel-T-Träger. Ein Längsschnitt zeigt, daß die größte Menge des Stahls in den breiten Flanschen oben und unten steckt, während der Steg zwischen den Flanschen ziemlich dünn ist. Warum ist diese eigenartige Form so weit verbreitet?

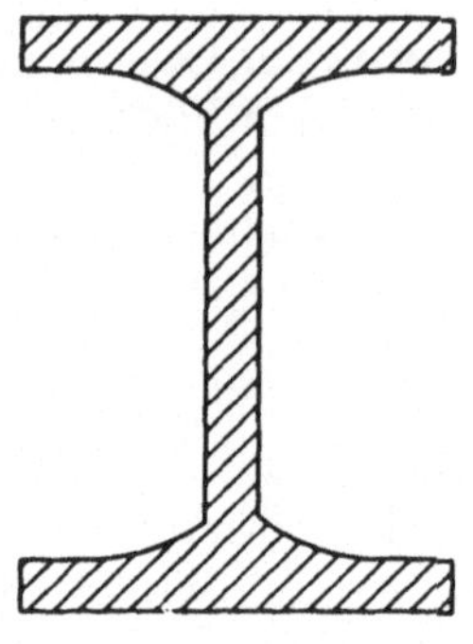

11 Angenommen, man feuert mit einem Gewehr, das mit dem Boden einen 45°-Winkel bildet, eine Kugel ab. Dieser Winkel garantiert — wie es in Schulbüchern heißt — eine maximale Reichweite, wenn man den Luftwiderstand vernachlässigt. Um welchen Betrag verringert sich die maximale Reichweite, wenn man den Luftwiderstand einbezieht?

12 Stellen Sie sich zwei völlig gleiche Brücken vor, die sich lediglich in jeder ihrer Dimensionen um das Fünffache unterscheiden, d.h., die erste Brücke ist fünfmal so lang wie die zweite, die Bauelemente der ersten sind fünfmal so dick wie die der zweiten etc. Welche Brücke ist stabiler?

13 Stellen Sie sich vor, Sie radeln einen ebenen Weg entlang. Durch eine Unebenheit der Straße oder durch einen Windstoß geraten Sie aus dem Gleichgewicht und neigen sich zu einer

Seite. Ein Anfänger wird instinktiv eine Gegenbewegung machen und bald blaue Flecken vorweisen können. Im Gegensatz dazu wird ein erfahrener Radfahrer in Fallrichtung lenken. Warum?

14 Kippt ein Fahrrad plötzlich zur Seite, befreit man sich aus dieser mißlichen Lage, indem man in Fallrichtung lenkt. Ist im Gegensatz dazu ein Radfahrer im Begriff, um eine Ecke zu biegen, wird er, unmittelbar bevor er die Kurve erreicht, das Vorderrad in entgegengesetzte Richtung herumreißen. Warum?

15 Vorausgesetzt, die Wände eines überdimensional hohen oder weiträumigen Gebäudes sind genau senkrecht. Kann man erreichen, daß sie genau parallel verlaufen?

3
Gase

1 Das Bild zeigt einen Groschen auf einem Tisch, etwa 1–2 Zentimeter von der Tischkante entfernt, und eine Tasse, die so gekippt ist, daß sich ihr Rand etwa 2 Zentimeter über der Tischoberfläche und ungefähr 2–3 Zentimeter hinter der Münze befindet. Können Sie den Groschen vom Tisch weg in die Tasse hinein bekommen, ohne die Münze zu berühren?

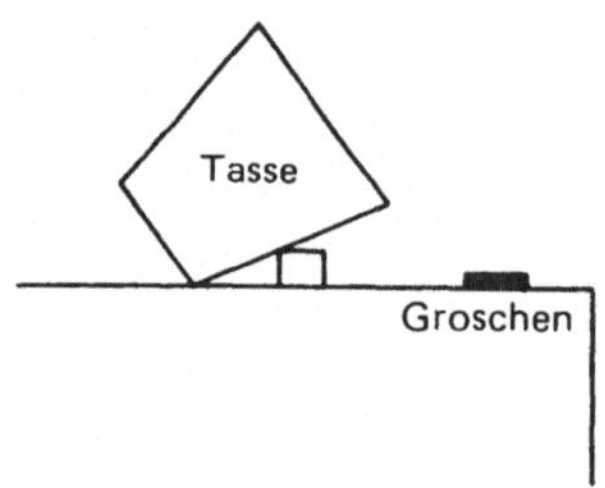

2 Stellen Sie sich zwei genau gleich proportioniert gebaute Segelboote vor, nur ist das eine doppelt so groß wie das andere, d.h., daß seine Masten doppelt so dick und seine Segel doppelt so lang und breit sind, wenn sie auch aus der gleichen Sorte Segeltuch hergestellt sind. Welches Boot wird aufgrund der Wucht des Windes wahrscheinlich eher seine Segel zerrissen haben?

3 Warum sind Industrieschornsteine im allgemeinen sehr hoch?

4 Wäre es möglich, an einem windstillen Tag ein Segelboot anzutreiben, indem man ein großes Gebläse im Boot aufstellt und den Wind in die Segel lenkt?

5 Galileo glaubte nicht an die Existenz atmosphärischen Drucks. Zur Begründung seines Standpunktes würde er folgende Argumentation abgeben: Stellen Sie sich einen Behälter mit einer Flüssigkeit vor. Betrachten Sie innerhalb dieser Flüssigkeit ein bestimmtes Volumen. Auf die Flüssigkeit mit diesem Volumen wirken zwei Kräfte in entgegengesetzter Richtung: Gewicht und tragende Kraft. Gemäß dem Prinzip des Archimedes sind die beiden Kräfte gleich groß, und zwar deswegen, weil die Flüssigkeit in einem Gleichgewichtszustand ruht; weder sinkt sie noch treibt sie nach oben. Man kann zum Beispiel sagen, daß Wasser, das in Wasser eingeschlossen ruht, kein Gewicht hat. Wie kann dann aber etwas Gewichtloses Druck auf die darunterliegenden Schichten ausüben!

Ähnlich ist es bei Luft inmitten von Luft, die als gewichtlos keinen Druck auf untere Schichten und letzten Endes auf die Erdoberfläche ausüben kann. Worin liegt der Schwachpunkt seiner Begründung?

6 Aus einer T-förmigen Röhre werden zwei Seifenblasen ungleicher Größe gepustet. Das Mundstück wird dann verschlossen und die Blasen werden nicht abgetrennt. Wie verhalten sie sich anschließend?

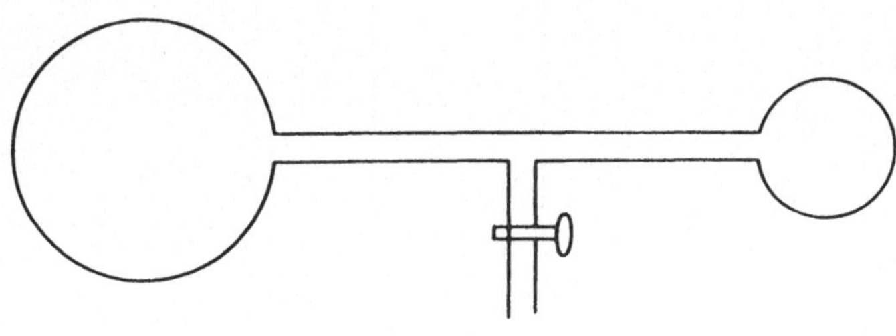

7 Fallschirme erfüllen die Aufgabe, den freien Fall zu verlangsamen. Warum aber haben sie oftmals ein Loch in der Mitte?

8 Kann ein Segelschlitten schneller fahren als der Wind, der ihn vorwärtstreibt?

9 An den Ecken eines Quadrats mit der Seitenlänge *a* sind vier Gemeinden gelegen, *A, B, C* und *D*. Es wird beschlossen, diese Städte so durch ein Straßennetz zu verknüpfen, daß bei minimaler Gesamtlänge des Straßennetzes jeweils zwei Orte durch eine Landstraße miteinander verbunden sind. Wie sollte die Anordnung der Verkehrslinien aussehen?

10 Warum haben Rennsegelboote generell gekrümmte und nicht flache Segel?

11 Welche Regentropfen fallen schneller — große oder kleine?

12 Wir wissen, daß Ringe aus Rauch langsam in einer zur Ringebene senkrechten Richtung wandern (Bild). In solch einem Ring rotieren die Rauchpartikel um eine innere Kreislinie, die „Wirbelachse"*. Was bewirkt das Wandern der Rauchringe durch die Luft? Wird der Ring im Schaubild nach links oder rechts gehen, wenn für die Rotationsrichtung der Rauchpartikel die in der Skizze angegebene Pfeilrichtung gilt?

* In der schematischen Skizze ist die Wirbelachse der Kreis, der senkrecht zur Zeichenebene und durch die Mittelpunkte der beiden skizzierten Systeme konzentrischer Kreise verläuft.

13 Haben Sie schon einmal ein Fangenspiel zweier Rauchringe, die sich in die gleiche Richtung bewegen, beobachtet? Der Verfolgerring beschleunigt und schrumpft, während der Führungsring sich verlangsamt und vergrößert (Bild). Der kleinere Ring holt den größeren ein und geht durch ihn hindurch. Dann sind die Rollen vertauscht; der Verfolgerring wird zum Anführer und umgekehrt, und der Vorgang beginnt von vorn. Es ist ein faszinierendes Schauspiel, aber wie kann man es erklären?

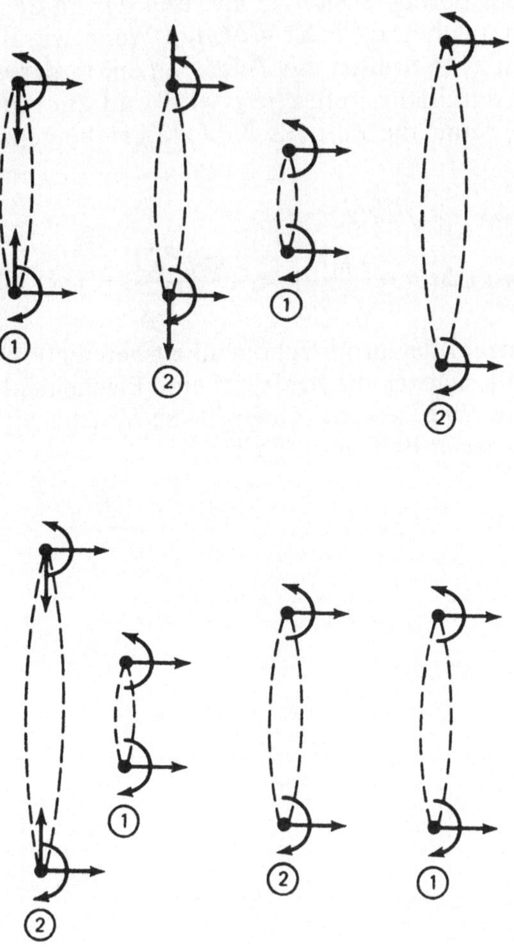

14 Wie wir wissen, ist die Maßzahl des Bodendruckes auf eine Flächeneinheit am Grund einer Gassäule genauso groß wie die Maßzahl des Gewichtes der Moleküle in der Säule über dieser Flächeneinheit. Man kann vermuten, daß der Bodendruck deshalb größer ist als der Druck in höher liegenden Bereichen der Flüssigkeit, weil die Geschwindigkeit der von oben nach unten fallenden Moleküle nach folgender Formel mit zunehmender Fallhöhe wächst: $v = \sqrt{2gh}$, wobei v die Endgeschwindigkeit eines freien Falles aus der Höhe h bedeutet. Wenn ein Molekül am Boden senkrecht reflektiert wird, so erfährt es eine Impulsänderung vom Betrag $\Delta(mv) = 2\,mv$, und der an den Boden abgegebene Impuls beträgt $F\,\Delta t = \Delta(mv)$. Wenn wir als Zeitintervall zwischen zwei Stößen die Zeit nehmen, in der ein Molekül die Höhe h durchfällt, reflektiert wird und zur Ausgangshöhe zurückkehrt, kann die Zeit aus $h = (1/2)gt^2$ berechnet werden. Daher gilt:

$$t_{\text{total}} = \Delta t = 2\sqrt{2h/g}$$

$$F = \Delta(mv)/\Delta t = \frac{2\,mv}{2\sqrt{2h/g}} = \frac{2\,m\sqrt{2gh}}{2\sqrt{2h/g}} = mg.$$

Wenn die Anzahl der pro Flächeneinheit beteiligten Moleküle N beträgt, ergibt sich für die Kraft auf eine Flächeneinheit am Boden der Säule Nmg, also das Gewicht der Moleküle in der Säule. Stimmen Sie dieser Behauptung zu?

4
Flüssigkeiten

1 Kann man Wasser in einem Sieb tragen? Zum Beweis, daß dies möglich ist, nehmen wir ein Drahtsieb mit Löchern, die nicht kleiner als 1 Millimeter im Durchmesser sind und tauchen es in geschmolzenes Paraffin. Das Sieb hat nach wie vor Löcher, aber es ist jetzt mit einem dünnen, kaum sichtbaren Film überzogen. Vorsichtig gießen wir etwas Wasser hinein. Das Wasser tropft nicht durch! Wie erklären Sie dieses merkwürdige Verhalten?

2 Wenn Sie Tee in einer Tasse umrühren, sammeln sich die Teeblätter überraschenderweise in der Mitte. Würde man nicht erwarten, daß sie sich nach außen bewegen wie in einer Zentrifuge?

3 Eine Schale einer Waage trägt einen Behälter mit Wasser, die andere einen Ständer mit einem daran aufgehängten Gewicht (Bild). Die Schalen befinden sich im Gleichgewicht. Sodann wird der Ständer herumgedreht, so daß das aufgehängte Gewicht vollkommen im Wasser untergetaucht ist. Das Gleichgewicht ist offensichtlich gestört, denn die Schale mit dem Ständer ist leichter geworden. Welches zusätzliche Gewicht muß auf diese Schale gestellt werden, um das Gleichgewicht wiederherzustellen?

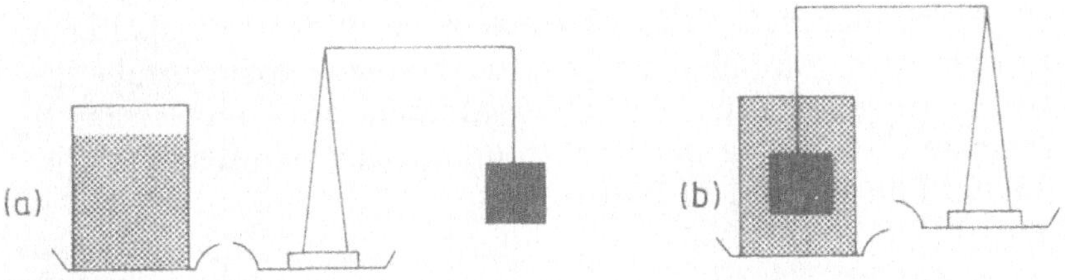

4 Gibt es einen Unterschied zwischen Meereswellen und Flußwellen?

5 Wie groß ist die Masse eines Kubikmeters chinesischer Won
ton-Suppe? (Warum heißt sie wohl so?)

6 Ein Behälter faßt eine Wassermenge, die 30 Gläsern Wasser
entspricht. Dreht man den am unteren Ende befindlichen Hahn
auf, dauert es 10 Sekunden bis ein Glas mit Wasser gefüllt ist.
Wie lange dauert es, bis der Behälter geleert ist, wenn der Hahn
aufgedreht bleibt?

7 Ein Mann am Ufer zieht ein Boot an Land, indem er mit
gleichbleibender Geschwindigkeit v ein Seil einholt, das am
Bug befestigt ist. Anscheinend ist dann die Geschwindigkeit des
Bootes, v_b, durch die horizontale Komponente von v gegeben,
nämlich durch $v_b = v \cos \alpha$. Folglich wäre die Geschwindigkeit,
mit der das Boot herangezogen wird, um so niedriger, je größer
der Winkel α ist (d.h., je näher das Boot an der Küste ist). Das
widerspricht jedoch der Alltagserfahrung, wie man sehen kann,
wenn man einen Bleistift an einem Bindfaden heranzieht — der
Bleistift bewegt sich schneller. Was ist also an unserer Schlußfolgerung falsch?

8 Füllen Sie ein Glas fast bis zum Rand mit Wasser. Nehmen
Sie einen kleinen Korken (oder einen beliebigen anderen Gegenstand), der auf dem Wasser schwimmt. Jetzt stellt sich das Problem, den Korken so im Wasser zu plazieren, daß er beständig
im mittleren Bereich schwimmt, nicht an den Rand. Sie können
ihn an irgendeine Stelle der Wasseroberfläche setzen; es gibt
keine Einschränkungen.

9 Lassen Sie einen Tropfen Reinigungsmittel oder eine Seifen-
flocke zwischen zwei Streichhölzer fallen, die einen guten Zentimeter voneinander getrennt in einer Schüssel mit Wasser schwimmen. Die Streichhölzer fliegen auseinander, als würden sie von
etwas gezogen. Warum?

10 Ein Eimer mit Wasser mit einem am Boden festgehaltenen
Korken wird vom obersten Stockwerk eines Gebäudes fallengelassen, wobei sich der Korken im Moment des Fallenlassens irgendwie löst. Wo ist der Korken unmittelbar vor dem Auftreffen des Eimers auf dem Erdboden?

11 Nehmen Sie an, Sie wären in einem Boot, das in einem Schwimmbecken treibt. Am Boden des Bootes liegt ein Stein. Sie heben ihn auf und werfen ihn über Bord. Steigt der Wasserspiegel, fällt er, oder bleibt er unverändert?

12 Hält man einen Finger in ein schäumendes Glas Bier, so setzt sich die „Blume". Warum?

13 Warum ist es für Frauen generell einfacher, auf dem Rücken zu schwimmen als für Männer?

14 Können Flüssigkeitsblasen leichter bei hoher oder bei niedriger Oberflächenspannung erzeugt werden?

15 (Nach John B. Hart) Das Bild zeigt einen aufgerollten Gartenschlauch, der sich sehr merkwürdig verhält: Läßt man Wasser in das obere Ende des Schlauchs, kommt am anderen Ende nichts heraus. Was sogar noch überraschender ist, es geht sehr wenig Wasser in den Schlauch hinein. Warum?

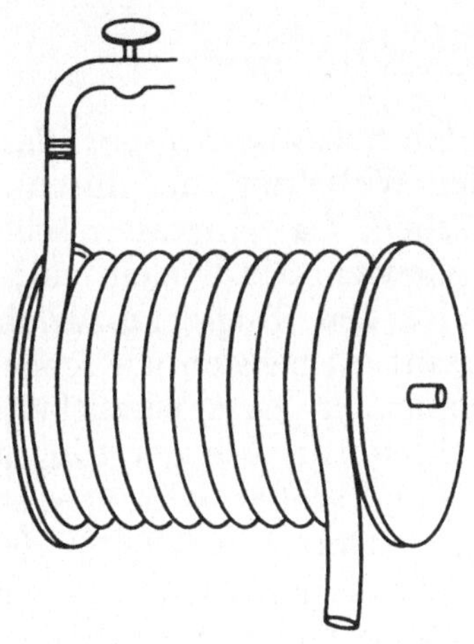

16 Drei identische Gläser A, B und C sind wie im Bild (Seite 22) angeordnet. A und B sind mit Wasser gefüllt, was am besten erreicht werden kann, wenn man sie untertaucht und ihre Öffnungen aneinandersetzt. B wird von C durch ein paar hohle Rührstäbe getragen, von denen zusätzlich noch einige auf dem Tisch vor-

handen sind. Die Aufgabe besteht nun darin, das Wasser von
Glas *A* in Glas *C* umzufüllen, ohne die Gläser oder die Stäbe,
die Glas *B* tragen, zu berühren oder zu bewegen. Die zusätzlichen Hohlstäbe dürfen bewegt werden, aber nicht mit den Gläsern oder den tragenden Stäben in Berührung kommen.

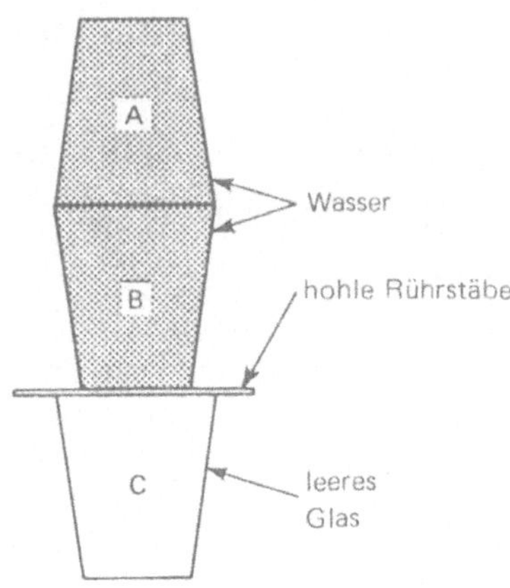

17 Wenn ein Tropfen Salzwasser in ein Glas mit klarem Wasser
fällt, kann man den Wirbelring, der durch das Aufprallen hervorgerufen wird, sehen. Da Salzwasser schwerer ist als klares
Wasser, reicht die Gewichtskraft allein aus, weil sie stärker als
die Auftriebskraft ist, den Ring herabzuziehen. Ist diese Kraft
einigermaßen konstant, so müßten wir sehen, wie sich der Wirbelring mit zunehmender Geschwindigkeit abwärts bewegt.
Stattdessen beobachten wir, wie der Ring auf seinem sinken-
den Kurs *langsamer* und größer wird. Dies stimmt im allgemeinen: je stärker die äußere, auf den Wirbelring einwirkende
Kraft, desto langsamer die Bewegung des Rings in einer Flüssigkeit. Können Sie dieses paradoxe Verhalten erklären?

18 Von alters her benutzt man einen Saugheber, um Flüssigkeiten über den Rand eines Behälters in einen anderen, tiefer-
gelegenen zu befördern. Dennoch sehen viele Leute in der Ar-
beitsweise des Saughebers etwas Geheimnisvolles. Manche denken zum Beispiel, daß der Luftdruck die Flüssigkeit durch den
Saugheber drängt. Saugheber sind aber in der Lage, in einem
Vakuum zu arbeiten. Wie also funktionieren sie wirklich?

19 Warum kommen Saugheber nicht von selbst in Gang, sondern nur durch Ansaugen?

20 In einigen Büchern wird behauptet, daß die maximale Höhe (Steigrohr), mit der ein Saugheber funktionieren kann, durch die Höhe einer Flüssigkeitssäule gegeben ist, die vom atmosphärischen Luftdruck gehalten werden kann, abzüglich einer Korrektur für die Reibung in der Röhre, d.h., ungefähr 9,0—9,6 Meter für Wasser oder 0,71—0,74 Meter für Quecksilber. In den vorangegangenen Rätseln wurde aber gezeigt, daß atmosphärischer Luftdruck nicht für das Funktionieren eines Saughebers verantwortlich ist. Warum ist es dann so schwierig — wenn auch möglich — daß das Steigrohr die Höhe einer Barometer-Säule übersteigt?

5
Lebendige Welt

1 Beim Fallschirmspringen entspricht die effektive Landegeschwindigkeit oft der eines Sprungs aus dem zweiten Stockwerk ($\sim$ 3,05 m). Ist es — vorausgesetzt, man ist unvorsichtig — wahrscheinlicher, sich das Genick oder die Knöchel zu brechen?

2 Dient das typische Suhlen der Schweine im Schlamm irgendeinem nützlichen Zweck?

3 Afrikanische Elefanten haben sehr große Ohren. Könnten sie, aus der Sicht eines Physikers, in der sehr warmen Heimat der Tiere eine sinnvolle Funktion haben?

4 Oberflächenspannung ist eine für große Tiere kaum merkliche Kraft, und dennoch ist sie für Insekten tödlich. Warum?

5 Menschen verzehren täglich ein Fünfzigstel ihres Eigengewichts an Lebensmitteln, Mäuse fressen jedoch pro Tag soviel wie die Hälfte ihres eigenen Gewichts. Also nehmen sie pro Pfund Körpergewicht 25 mal so viel Nahrung zu sich wie der Mensch, und trotzdem sieht es nicht so aus, als würden sie jemals dicker. Wo also bleibt das alles?

6 Aufrecht gehalten neigt der Schwanz einer ausgewachsenen Katze dazu, umzukippen. Andererseits kann der Schwanz einer jungen Katze mit Leichtigkeit spitz und gerade aufrecht stehen. Warum?

7 Beim Messen des Blutdrucks wird die aufblasbare Manschette stets um den Oberarm gelegt. Warum?

8 Wenn man eine Katze mit dem Rücken nach unten fallen läßt, landet sie merkwürdigerweise immer wieder auf den Füßen. Wie kann das Tier allein eine Drehung in der Luft zustandebringen, ohne irgendwie angestoßen zu werden?

9 Wieso helfen lange Balancestangen den Seiltänzern, das Gleichgewicht zu behalten?

10 Wenn eine Eisläuferin während einer Pirouette die Arme anzieht, dreht sie sich viel schneller. Das Drehmoment bleibt konstant, da hierbei kein Drehmoment bezüglich der Achse der Läuferin hinzukommt. Also $L = I_1 \omega_1 = I_2 \omega_2$, wobei I und ω für das Trägheitsmoment bzw. die Winkelgeschwindigkeit stehen. Wie nun verhält es sich mit der Energie? Die kinetische Energie vorher und nachher beträgt $E_1 = 1/2\, I_1\, \omega_1^2 = 1/2\, L\, \omega_1$ bzw. $E_2 = 1/2\, I_2\, \omega_2^2 = 1/2\, L\, \omega_2$. Da $\omega_2 > \omega_1$, ist die kinetische Energie hinterher größer als vorher! Woher ist die zusätzliche Energie gekommen?

11 Kann ein Radfahrer mehr als 160 km pro Stunde auf ebener Strecke zurücklegen?

12 Die maximale Geschwindigkeit, die beim Laufen auf waagerechter Strecke erreicht werden kann, scheint bei Tieren von deren Größe unabhängig zu sein. Ein Hase kann zum Beispiel genauso schnell laufen wie ein Pferd. Beim Bergaufrennen jedoch lassen kleine Tiere größere mühelos hinter sich: Ein Hund läuft mit Leichtigkeit einen Berg hinauf, während ein Pferd das Tempo drosselt. Diese Tatsache kann durch einen Hinweis auf die Größenverhältnisse leicht erklärt werden. Können Sie sich denken, wie?

13 Hat die V-Formation im Flug der Zugvögel irgendeinen physikalischen Nutzen?

14 Ein Baum muß seine Nährstoffe auf einem möglichst zweckmäßigen Weg vom Hauptstamm bis zu den äußersten Blättern transportieren. Warum kann dann ein Baum nicht jedes einzelne Blatt durch einen eigenen Zweig versorgen? Warum ist, anders gesagt, das Verzweigungsmuster (Bild, Teil a) in der Natur sehr viel häufiger vertreten als das Explosivmuster (Teil b)?

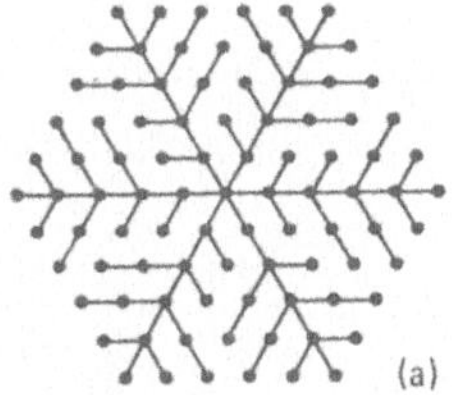

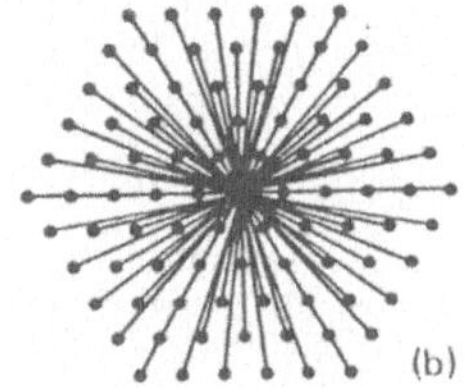

15 Wenn Sie einen Baum genauer betrachten, werden Sie feststellen, daß kleine Zweige von den großen im allgemeinen fast im rechten Winkel abstehen und große Zweige in kleinerem Winkel zueinander stehen. Warum wohl?

16 Was Bäume und ihre Äste betrifft, machte Leonardo da Vinci die folgende Beobachtung: „Alle Zweige eines Baumes ergeben zusammengebunden in jedem Wachstumsstadium die Dicke ihres Stammes." Es hat sich herausgestellt, daß diese scheinbar plausible Regel durch genauere Untersuchungen nicht bestätigt worden ist. Können Sie erkennen, daß diese Regel das Prinzip des geringsten Kraftaufwandes verletzen würde?

6
Akustik

1 Einem Mann fällt es meist leichter als einer Frau, einen Raum mit seiner Stimme auszufüllen. Warum?

2 In Flüssigkeiten und festen Körpern breitet sich der Schall grundsätzlich viel schneller aus als in Gasen. In Stahl beträgt die Schallgeschwindigkeit z.B. etwa 5050 m/s, in Meerwasser ungefähr 1500 m/s und in der Luft ca. 340 m/s. Andererseits erreicht der Schall in Blei nur eine Geschwindigkeit von 1200 m/s und, was noch überraschender scheint, in Gummi sogar nur 62 m/s! Wieso diese Ausnahmen?

3 Warum geben Nebelhörner sehr tiefe Töne von sich?

4 Man nehme ein langes Stück Holz und halte das Ohr an das eine Ende. Man strecke den Arm und kratze an der äußerst erreichbaren Stelle des Holzes. Das Kratzen hört sich sehr laut an. Entfernt man jedoch das Ohr, während man weiter kratzt, so ist kaum noch ein Ton zu hören. Warum?

5 Was verursacht eigentlich das Knackgeräusch, wenn man mit den Fingerknöcheln knackt?

6 Warum bekommen Leute, die Helium einatmen, hohe Stimmen?

7 Warum werden die Saiten eines Klaviers mit Hämmern angeschlagen, die mit weichem Filz überzogen sind?

8 Das Bild auf Seite 28 zeigt zwei Entwürfe einer Konzerthalle, die sich in ihrer Deckengestaltung oberhalb des Orchesters unterscheiden. Die Zahlen bedeuten die Zeitdifferenzen zwischen den

Laufzeiten der Schallwellen, die direkt von der Schallquelle bzw. nach Reflexion an der Decke zum Zuhörer gelangen. Welcher Konzertsaal hat die bessere Akustik?

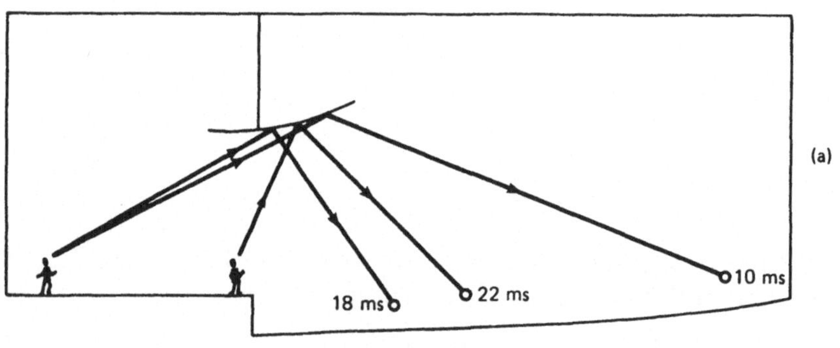

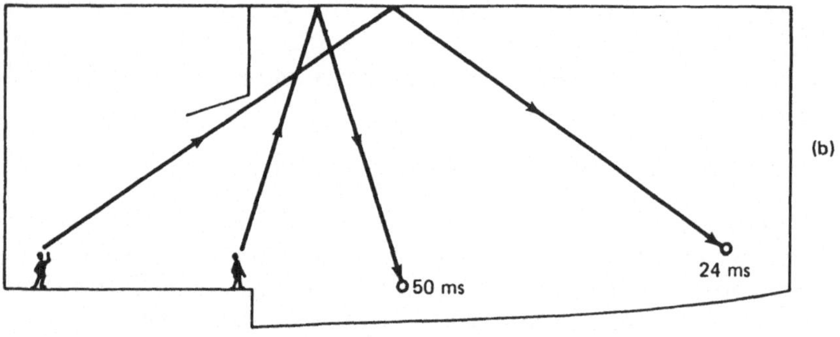

9 Die Schallgeschwindigkeit in der Luft beträgt etwa 760 mph*. Man stelle sich nun das Martinshorn eines Polizeiwagens vor, der sich mit 80 mph nähert. Nähert sich damit das Signal relativ zum Erdboden mit 760 mph + 80 mph = 840 mph?

10 Welcher Ort wäre für einen Fabrikkomplex mit lärmenden Maschinen zu bevorzugen: ein Berggipfel oder ein Tal?

---

* mph = Meile pro Stunde; 760 mph $\approx 330\,\frac{m}{s}$.

11 Manchmal erleben wir, wie die Stimme einer öffentlichen Lautsprecheranlage durch das ständige Pfeifen der Lautsprecher nahezu übertönt wird. Was geschieht hier?

12 Wir haben alle schon einmal von einer brüllenden Maus gehört, aber gibt es dafür irgendeine wissenschaftliche Grundlage? Ist auf der anderen Seite ein Elephant in der Lage, ein hohes Piepsen auszustoßen?

13 Sind Sie HiFi-Liebhaber, dann wissen Sie, daß Sie für einen optimalen Hörgenuß die Höhen-Tiefen-Regulierung Ihrer Anlage der jeweiligen Musiklautstärke anpassen müssen. Warum ist es nicht möglich, die Klangregelung ein für allemal einzustellen?

14 Um Baßtöne zu erzeugen, braucht man einen großen Resonanzkörper oder einen großen Klangraum. Wie können dann Telephone und kleine Transistorradios Bässe wiedergeben? Sie sind mit winzigen Lautsprechern ausgestattet, und trotzdem hören wir aus ihnen einen Baß.

15 Bekanntlich entsteht das Echo durch Reflexion von Schallwellen an fernen Wänden. Man könnte meinen, daß man in bergigen Gegenden mit vielfältiger Oberflächengestaltung sehr häufig ein Echo hört. Paradoxerweise ist das Gegenteil der Fall: Echos entstehen hier sehr viel seltener und sind schwerer zu hören. Warum?

16 Bei einem gut gestimmten Klavier steht, ungeachtet des angenehmen Klangs, jeder Ton in der Tat in leichter Disharmonie zu den anderen. Es ist tatsächlich so, daß ein perfekt gestimmtes Klavier Ohrenschmerzen verursacht und stellenweise total verstimmt klingt. Was ist die Erklärung dafür?

7
Wärme

1 Manche Leute rühmen sich damit, daß sie ihre Hände kurzfristig in geschmolzenes Blei eintauchen können, ohne sich in irgendeiner Weise zu verletzten. Gibt es für diese Prahlerei eine wissenschaftliche Grundlage?

2 James Fenimore Cooper beschreibt in seinem Buch *Prärie* eine Methode zur Bekämpfung eines Präriefeuers, bei der man ein Gegenfeuer legt. Trotz der Tatsache, daß der Steppenwind auf die Reisenden zuwehte und das Feuer näherbrachte, breitete sich das Gegenfeuer in entgegengesetzter Richtung — von den Reisenden weg — aus. Wie kann man diese scheinbare Paradoxie aufklären?

3 Die Kapillare eines medizinischen Thermometers sind mit einer Verengung ausgestattet, die verhindern soll, daß das Quecksilber unmittelbar nach dem Entfernen des Thermometers aus dem Mund durch Abkühlung fällt. Beim Temperaturanstieg kam das Quecksilber jedoch durch die Verengung hindurch. Warum kann es nicht zurück?

4 Man stülpe ein großes Glas über eine brennende Kerze, die in einer Schüssel mit Wasser steht. Man wird beobachten können, daß die Flamme bald erlischt und das Wasser im Glas erheblich steigt, vielleicht sogar die Kerze überflutet. Warum?

5 Zur Verhinderung von Überflutungen werden manchmal wenige Wochen vor Frühlingsanfang verschneite Berghänge vom Flugzeug aus mit schwarzem Ruß bestäubt. Wie sollte dieses Verfahren zum Erfolg führen?

6 Betrachten wir kommuniziérende Gefäße, die durch eine enge Röhre mit einem Absperrhahn untereinander verbunden sind. Wir nehmen an, daß sich die gesamte Flüssigkeit mit der Höhe h zunächst im linken Gefäß befindet. Wir öffnen dann den Absperrhahn, so daß die Flüssigkeit vom linken in das rechte Gefäß fließt. Wenn der Flüssigkeitsspiegel in beiden dieselbe Höhe hat, nämlich $h/2$, hört die Wasserbewegung nach einigem Schwappen auf. Wir wollen die potentielle Energie zu Beginn und am Ende berechnen. Anfangs betrug die potentielle Energie $Wh/2$, d.h., Gewicht mal Höhe des Schwerpunktes. Am Ende hat sie sich in $(W/2)(h/4) + (W/2)(h/4) = Wh/4$ verwandelt — die Hälfte der ursprünglichen potentiellen Energie ist verschwunden! Was ist mit ihr geschehen?

7 Um in den vollen Genuß einer Klimaanlage zu kommen, sollte der Luft während des Kühlens gleichzeitig überschüssige Feuchtigkeit entzogen werden. Warum?

8 Eine Tür und ihr Metallgriff müßten eigentlich gleichermaßen Raumtemperatur haben. Der Türgriff fühlt sich jedoch kälter an als die Tür. Bedeutet das, daß unsere Sinne nicht in der Lage sind, die Temperatur von Gegenständen richtig zu beurteilen?

9 Wäre es möglich, einen Raum dadurch zu kühlen, daß man die Kühlschranktür geöffnet läßt?

10 Wenn Sie in Ihrem Zimmer ein Heizgerät einschalten und, sagen wir, nach einer Stunde wieder abschalten, hat sich dann durch das Aufheizen die Gesamtenergie der Luft im Raum erhöht?

11 Wir haben einen Metallring, der einen kreisrunden Hohlraum von 25 cm Durchmesser umrahmt. Der Ring wird zum Glühen gebracht, wobei er sich nach allen Seiten ausdehnt. Wird der Hohlraum in der Mitte kleiner?

12 Es kann nützlich sein, vor dem Eingießen des Tees einen Teelöffel ins Glas zu stellen, um das Platzen des Glases zu verhindern. Wodurch hat dieser Trick Erfolg?

13 Kann man demonstrieren, daß Eis in einem Gefäß mit kochendem Wasser nicht schmilzt? Ohne Schwierigkeiten. Man füllt ein Reagenzglas mit Wasser. Mit Hilfe eines kleinen Gewichts drückt man nun ein Stück Eis bis auf den Boden des Glases hinunter. Wenn man dann das Reagenzglas so erhitzt, daß die Flamme nur dessen oberen Teil umzüngelt, fängt das Wasser bald darauf zu kochen an, seltsamerweise jedoch das Eis nicht zu schmelzen! Wie kann man diesen Widerspruch erklären?

14 Wir haben zwei genau gleiche Kugeln mit dergleichen Temperatur. Die eine ist an einem Band aufgehängt, die andere liegt auf einem Tisch. Beiden Kugeln wird derselbe Betrag an Wärme zugeführt, wobei wir annehmen, daß sie schnell genug transportiert wird, so daß ein Wärmeaustausch mit der Umgebung vernachlässigt werden kann. Haben die Kugeln angesichts der zusätzlichen Wärme am Ende dieselbe Temperatur oder unterscheiden sie sich in ihren Endtemperaturen?

15 Spart man Energie, wenn man im Winter das elektrische Licht ausschaltet? Und wie ist es im Sommer?

16 Kann man in siedendem Wasser Wasser zum Sieden bringen? Man füllt zum Beispiel eine kleine Flasche mit Wasser und hängt sie in siedendes Wasser, ohne daß sie den Boden berührt. Kommt das Wasser in ihr zum Sieden, wenn man sie lange genug im siedenden Wasser läßt?

17 Könnte aus normalem Wasser hergestelltes Eis möglicherweise so heiß sein, daß man sich die Finger daran verbrennen würde?

18 Im Jahre 1714 erklärte Fahrenheit den Punkt zum Nullpunkt seiner Skala, an dem die niedrigste Temperatur, die damals im Labor zu erreichen war, gemessen wurde: $-17,7\,°C$. Man gelangte an diesen Punkt mit einem Gemisch aus Wasser, granuliertem Eis und Ammoniumchlorid. Paradoxerweise bleibt, während die Temperatur eines solchen Gemisches vom Ausgangszustand bis nahezu $18\,°C$ abfällt, der Betrag seiner Wärmeenergie unverändert (unter der Voraussetzung, daß keine Energie aus der Umgebung zugeführt wird). Wie ist das möglich?

19 Wenn ein Wassertropfen auf eine mäßig warme Herdplatte fällt, breitet er sich aus und verdampft schnell. Ist die Herdplatte aber sehr heiß, schließt sich das Wasser zu einer kleinen Kugel zusammen, die ungefähr ein bis zwei Minuten umhertanzt, bis sie verdampft. Was erklärt diesen paradoxen Vorgang, der als sphäroidischer Zustand bekannt ist?

20 Zwei Holzkübel, die heißes bzw. kaltes Wasser enthalten, werden ohne Deckel bei Frost hinausgestellt. In welchem Kübel fängt das Wasser zuerst an zu frieren?

8
Elektrizität und Magnetismus

1 Wir stellen eine brennende Kerze zwischen zwei gegensätzlich geladene Pole eines elektrostatischen Hochspannungsgenerators. Die Flamme wird merkwürdiger Weise von dem negativen Pol angezogen und von dem positiven Pol abgestoßen. Haben Sie eine Erklärung dafür?

2 Warum werden für Dauermagnete „Anker" verwendet?

3 Gelegentlich sieht man noch Benzintanklastzüge, die unter sich ein Metallband herziehen. Was ist der Grund dieser Praxis?

4 Stellen wir uns einen Transformator vor, dessen Sekundärspule viermal so viele Drahtwindungen hat wie die Primärspule, jedoch aus einem Draht mit einem Viertel des Widerstandes pro Längeneinheit gemacht ist. Beide Spulen haben in diesem Fall denselben Widerstand. Darüber hinaus scheint die Sekundärspule eine viermal so hohe Spannung und damit viermal so starken Strom zu liefern. Dies würde jedoch eindeutig dem Energieerhaltungssatz widersprechen. Gibt es einen Ausweg aus diesen paradoxen Gedankengängen?

5 Wir haben einen nicht magnetisierten Eisenstab und keinen Magneten in dessen Umgebung. Wie kann man den Stab auf einfache Weise magnetisieren bzw. entmagnetisieren?

6 In einem Wasserstoffatom „kreist" das negativ geladene Elektron um das positiv geladene Proton. Ungleiche Ladungen ziehen sich gegenseitig an; warum also stürzt das Elektron nicht auf das Proton zu? Es sei darauf hingewiesen, daß man nicht antworten kann: „Aus demselben Grund, aus dem die Erde nicht in die Sonne stürzt". Der Begriff der Umlaufbahn hat für die atomistische Welt keine Bedeutung; deshalb muß in der Antwort mit anderen Begriffen operiert werden.

7 Warum ist es so gut wie sicher, mit Hilfe eines Kompasses in Vermont die tatsächliche Nordrichtung herauszufinden, in Britisch Kolumbien jedoch nicht?

8 Reihenschaltungen von Kondensatoren werden manchmal an Starkstromleitungen mit entsprechend niedriger Spannung angebracht, versorgt durch eine örtliche Umspannstation. Zu welchem Zweck?

9 Wie wir wissen, stoßen sich gleichnamige Pole ruhender Ladungen ab, ungleichnamige Pole ruhender Ladungen ziehen sich an. Gleichgerichtete Ströme ziehen sich jedoch an, während entgegengesetzt gerichtete Ströme sich abstoßen. Dies scheint widersprüchlich zu sein, da elektrischer Strom ebenfalls aus Ladungen besteht, wenn auch aus bewegten Ladungen. Warum besteht ein so enormer Verhaltensunterschied zwischen ruhenden und strömenden Ladungen?

10 AM-Antennen für den Mittelwellenbereich an Autos und tragbaren Transistorradios sind im Normalfall senkrecht ausgerichtet. Warum?

11 Sie sind an Bord eines Flugzeugs und befinden sich inmitten eines Gewitters. Jeden Moment kann die Maschine vom Blitz getroffen werden. Besteht für Sie Gefahr?

12 Wenn Sie sich in einem hohlen Leiter aufhalten, sind Sie von jeglicher außerhalb befindlichen Ladung bzw. jeglichem elektrischen Feld vollkommen abgeschirmt. Kehren wir nun die Situation um: Sie umhüllen eine Ladung mit einem Metallschild. Werden Sie außerhalb irgendwelche elektrischen Kräfte, verursacht durch die innere Ladung, wahrnehmen?

13 Es gibt einen Trick, den Physiker gern ihren Freunden, sofern sie unbedarfte Laien sind, vorführen. Sie legen einen Stabmagneten zwischen senkrechte Holzständer, lassen ihn los, und blitzschnell ist es passiert! Der Magnet hängt in der Luft, der Schwerkraft scheinbar zum Trotz. Worauf der Laie natürlich nicht kommt, ist, daß in dem Holzfuß ein weiterer Magnet versteckt ist. Sind die gleichnamigen Pole einander zugekehrt, stoßen sich die Magnete ab. Dreht man den schwebenden Magnetstab jedoch um 180° um, tritt Anziehung statt Abstoßung auf, und der obere Magnet kracht herunter (Bild). Die

Frage ist nun folgende: Ist es möglich, Magnete so zusammenzu-
bauen, daß der obere unabhängig von seiner Ausrichtung in
Bezug auf den unteren schwebt?

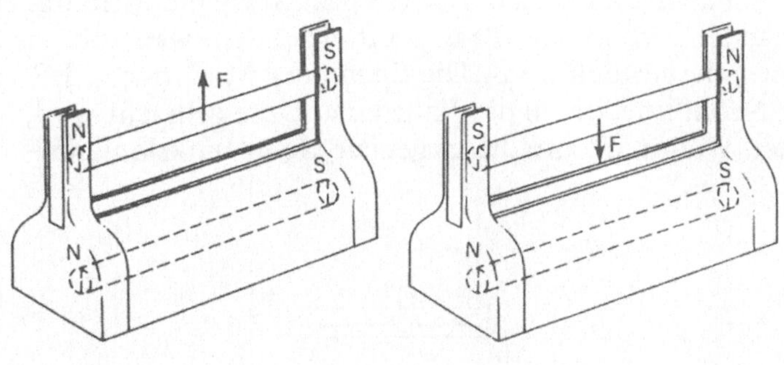

14 Wir wissen, daß sich zwei parallellaufende Drähte, die Ströme gleicher Richtung führen, gegenseitig anziehen. Genau das
meinen wir, wenn wir sagen „gleiche Ströme ziehen sich an".
Nehmen wir nun an, wir hätten zwei parallellaufende Elektronenstrahlen, wie in einer Kathodenstrahlröhre. Vorausgesetzt, die Elektronen bewegen sich in dieselbe Richtung, ziehen
sich die Strahlen gegenseitig an oder stoßen sie sich ab?

15 Es ist uns bekannt, daß eine leitende Hülle Schutz bietet
gegen elektrostatische Felder von außen (siehe Rätsel 11 und 12
dieses Kapitels). Eine naheliegende Frage drängt sich auf: Ist es
entsprechend möglich, einen Raum durch eine allseitig geschlos-
sene Wand gegen magnetische Felder abzuschirmen?

16 Ein geladenes Teilchen mit der Ladung q und der Geschwindigkeit v, das sich in einem Magnetfeld der Stärke B bewegt, erfährt eine Kraft F, die durch $F = qv \times B$ gegeben ist. Defini-
tionsgemäß ist diese Kraft immer senkrecht zur Geschwindigkeit gerichtet. Daher kann ein magnetisches Feld niemals an
einem geladenen Teilchen eine Arbeit verrichten. Im Labor
kann man jedoch leicht vorführen, daß ein stromführender
Draht in einem Magnetfeld kinetische Energie gewinnt und
beginnt, sich zu bewegen. Wie kann das sein, wenn das Feld in
keiner Weise an den im Draht strömenden Ladungen Arbeit verrichten kann?

17 Der Kelvinsche Wassertropfer ist ein verblüffender Apparat, der Spannungen bis zu 15 000 Volt erzeugen kann (Bild). Die Dosen A und D bzw. die Dosen B und C sind jeweils durch einen Draht elektrisch verbunden. Durch die beiden Zinndosen ohne Boden, A und B, tropft Wasser, das sich in den Dosen C und D sammelt. Innerhalb von ein paar Sekunden wird das eine miteinander verbundene Paar positiv geladen, während das andere negativ geladen wird. Die Spannung ist so hoch, daß eine kleine Neonbirne, die in die Nähe einer Dose gebracht wird, aufleuchtet. Wodurch kann dieses geniale Gerät funktionieren?

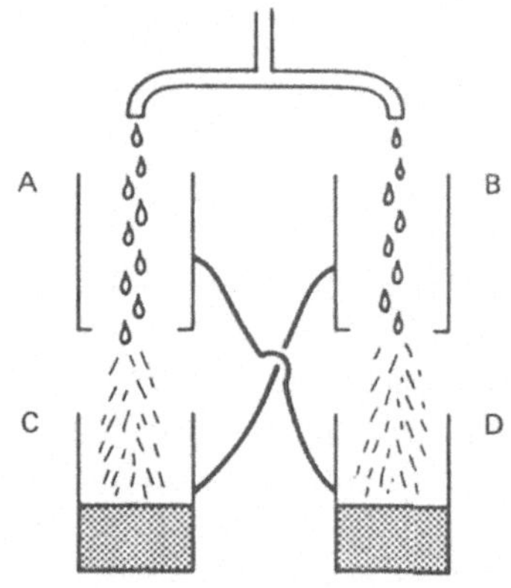

18 Die Energie eines Kondensators ist durch $E = Q^2/2C$ gegeben, wobei die auf den Kondensatorplatten gespeicherten Ladungen als $+Q$ und $-Q$ und die Kapazität des Kondensators als C bezeichnet werden. Wir nehmen an, daß der Abstand d zwischen den Platten eines isolierten Parallelplattenkondensators vergrößert wird. Da C zu d umgekehrt proportional ist, verringert sich die Kapazität. Andererseits nimmt die Energie E zu, da Q konstant bleibt. Physikalisch gesehen bedeutet dies: die Platten ziehen sich an, da sie entgegengesetzt geladen sind. Um sie weiter voneinander zu entfernen, muß Arbeit geleistet werden, die in eine Zunahme der Energie des Kondensators umgewandelt wird. Machen wir nun ein anderes Experiment: Wir verbinden den Kondensator mit den Klemmen einer Batterie und vergrößern wiederum den Abstand zwischen den Platten. Die Energie des Kondensators kann nun geschrieben werden als $(1/2)\,CV^2$, wobei V die Spannung zwischen den Platten ist. In diesem Experiment bleibt V, während der Abstand vergrößert wird, konstant, C nimmt ab und daher auch die Energie. Dies scheint ein Zeichen dafür zu sein, daß hier der Kondensator dem Experimentator behilflich ist, die Platten auseinanderzubewegen. Das sieht so aus, als ob in diesem Fall die entgegengesetzt geladenen Platten einander abstoßen würden. Wie kann das sein?

19 Wenn Sie jemals in einem Wagen gefahren sind, der sowohl mit einem AM- als auch mit einem FM-Radio ausgerüstet war, werden Sie festgestellt haben, daß das AM-Radio beim Fahren unter einer Brücke hindurch ausfiel, während das FM-Radio in derselben Situation weiterspielte. Warum besteht im Empfang von AM- und FM-Signalen ein so großer Unterschied?

9
Licht und Sehvermögen

1 Ein Regenbogen ist nur morgens oder spät nachmittags zu sehen. Warum?

2 Wie erklären Sie sich folgende Paradoxie: ein auf 800 °C erhitzter Eisenstab glüht leuchtend, ein Stück Quartz jedoch, das auf dieselbe Temperatur erhitzt wird, glüht fast gar nicht!

3 Probieren Sie folgendes Experiment aus: Schalten Sie eine Taschenlampe ein und halten Sie den Lichtstrahl in ein mit Wasser gefülltes Glasbecken. Sie werden den Strahl so wahrnehmen, als würde er an dem Punkt, an dem er in das Wasser eintaucht, stark *nach unten abgeknickt*. Tauchen Sie nun einen geraden Stab schräg ins Wasser. Der unter Wasser befindliche Teil sieht aus, als wäre er an der Wasseroberfläche gebrochen und *nach oben* abgewinkelt. Warum der Widerspruch?

4 Auch wenn Tiere sich in ihrer Größe stark unterscheiden, scheinen ihre Augen ähnliche Dimensionen aufzuweisen. Folglich sehen die Augen kleiner oder junger Tiere verhältnismäßig größer aus als unsere eigenen. Warum?

5 Warum ist Ihr Spiegelbild in einem ebenen Spiegel seitenverkehrt und nicht höhenverkehrt?

6 Wenige Leute sind sich bewußt, daß eine Brille nicht der einzige Weg ist, Sehschwäche zu korrigieren. Stechen Sie mit einer Nadel ein kleines Loch in lichtundurchlässiges Material, und halten Sie es vor das Auge, so daß Sie hindurchsehen können. Ein solches Loch in der Verschlußkappe einer Flasche ist zum Beispiel für diesen Zweck gut geeignet. Wenn Sie diese gelochte Kappe vor kurz- oder weitsichtige Augen halten, tritt eine bemerkenswerte Verbesserung der Sehkraft ein! Welche Erklärung liefern die Gesetze der Optik für dieses Nadellochmonokel?

7 An klaren Tagen erscheint der Himmel blau. An diesigen, nebligen oder wolkenreichen Tagen erscheint der Himmel weiß. Warum der Unterschied?

8 Haben Sie sich jemals gefragt, warum das Auge bestimmte Wellenlängen des Lichts wahrnimmt und andere nicht? Warum sind, mit anderen Worten, Lichtstrahlen mit den Wellenlängen von 0,00040 Millimeter für die Endfarbe Violett bis hin zu 0,00077 Millimeter für die Endfarbe Rot sichtbar?

9 Schaut man bei Nacht von einem erleuchteten Zimmer aus in eine Fensterscheibe, kann man sein Spiegelbild darin erkennen, da sie wie ein Spiegel wirkt. Warum geschieht das nur nachts?

10 Ist es möglich, einen Spiegel anzufertigen, der nicht die Seiten links und rechts verkehrt?

11 Ein Radiometer (Strahlungsmesser) besteht aus vier Flügeln, die in einem evakuierten Glaskolben leicht drehbar auf einer Spitze gelagert sind (Bild Seite 40). Eine Seite jedes Flügels ist geschwärzt und absorbiert das Licht weitgehend; die andere Seite ist versilbert und reflektiert das Licht zum größten Teil. Wenn die Flügel angestrahlt werden, rotieren sie.

Hin und wieder kommt einem folgende Erklärung dieses Phänomens zu Ohren: Licht besteht aus Partikeln, Photonen genannt. Trifft ein Photon die geschwärzte Seite, wird es absorbiert. (Und zwar deswegen, weil die Oberfläche schwarz ist.) Während dieses Vorgangs empfängt die Oberfläche den Impuls p des Photons. Andererseits prallt das Photon mit einem umgekehrten Impuls $-p$ zurück, wenn es auf die Silberseite trifft. Nach dem Impulserhaltungssatz muß die silbrige Seite den doppelten Impuls des Photons, $2p$, erhalten, so daß der anfängliche Impuls p gleich dem letztendlichen Gesamtimpuls $-p + 2p$ nach der Reflexion ist. Folglich bekommen die schwarzen Seiten die Energie und erwärmen sich schneller, die silbrigen Seiten erfahren jedoch doppelt so viel Strahlungsdruck. Daraus ergibt sich, daß sich die Flügel in die Richtung drehen, bei der die schwarzen Seiten voranlaufen.

Stimmen Sie dieser Erklärung zu?

12 Stellen Sie sich vor, Sie bringen einen Strahlenmesser an einen kalten, dunklen Ort, zum Beispiel in einen Kühlschrank. Wird er sich drehen, und wenn ja, in welche Richtung?

13 Wie ist es möglich, daß Polaroid-Sonnenbrillen das blendende Licht eliminieren, ohne den Rest der Welt auszusperren?

10
Das Raumschiff Erde

1 Glauben Sie an die volkstümlichen Wettervorhersagen? Wenn ja, was ist deren wissenschaftliche Grundlage?
(a) Vor einem heftigen Regenguß ist die Wahrscheinlichkeit, daß unsere Glieder schmerzen, größer;
(b) Vor einem Unwetter quaken Frösche mehr als sonst;
(c) Zeigen die Blätter ihre unteren Seiten, so kommt bald Regen;
(d) Ein Hof um den Mond kündigt Regen an, wenn das Wetter vorher klar war;
(e) Vor einem Unwetter fliegen Vögel und Fledermäuse tiefer;
(f) Man kann die Temperatur bestimmen, indem man einer Grille lauscht;
(g) Seile ziehen sich vor einem Unwetter zusammen;
(h) Fische kommen vor einem Unwetter an die Wasseroberfläche;
(i) „Heulende" Telefondrähte zeigen einen Wetterwechsel an.

2 In einer klaren Juninacht kann die Temperatur in Miami von 30°C auf etwa 20°C fallen. In El Paso, Texas, kann es jedoch morgens einen Temperaturabfall bis zu 10°C geben. Warum besteht hier ein so großer Unterschied?

3 Ein Beobachter an der Küste sieht die größeren Wellen immer direkt auf sich zukommen, obwohl man in einiger Entfernung vor der Küste beobachten kann, daß sie sich im Winkel annähern. Wieso?

4 Hochhausbewohner haben oft beobachtet, daß in einer klaren Winternacht die Bodentemperatur an $-18\,°C$ heranreichen kann, während oben auf dem Wolkenkratzer etwa $0\,°C$ möglich sind. Wie können wir das erklären?

5 In den Vereinigten Staaten ist jedes feststehende eiserne Objekt magnetisiert — mit einem Nordpol am unteren und einem Südpol am oberen Ende! Dazu gehören Badewannen, Aktenschränke, Kühlschränke und sogar Schirme mit Eisenschaft, die geraume Zeit unbenutzt stehen. Haben Sie eine Idee, warum?

6 Die Außentemperatur steigt stets ein wenig an, wenn es regnet oder schneit. Warum?

7 Wenn ein Verkehrsflugzeug in einer Höhe von 9000 m fliegt, mag die Lufttemperatur draußen etwa −35 °C betragen. Trotzdem müssen in Flugzeugen in dieser Höhe nicht Heizkörper, sondern Klimaanlagen eingeschaltet werden. Warum?

8 Über verirrte Polarforscher berichtet man, sie hätten eine starke Neigung, in der Nähe des Nordpols unwillkürlich nach rechts und nahe dem Südpol nach links zu schwenken. Fällt Ihnen dazu eine mögliche Erklärung ein?

9 Die Winde auf der Erde wehen geradewegs von Gebieten höheren Drucks in Gebiete tieferen Drucks. Ist diese Aussage richtig oder falsch?

10 Das Bild zeigt die aufeinanderfolgenden Positionen der Sonne während eines Zeitraums von einigen Stunden, wie man sie in Alaska beobachten würde. Können Sie die ungefähre Kompaßrichtung angeben, in die der Beobachter geschaut hat? Kurz gesagt, zu welcher Tages- oder Nachtzeit würde der niedrigste Sonnenstand beobachtet werden?

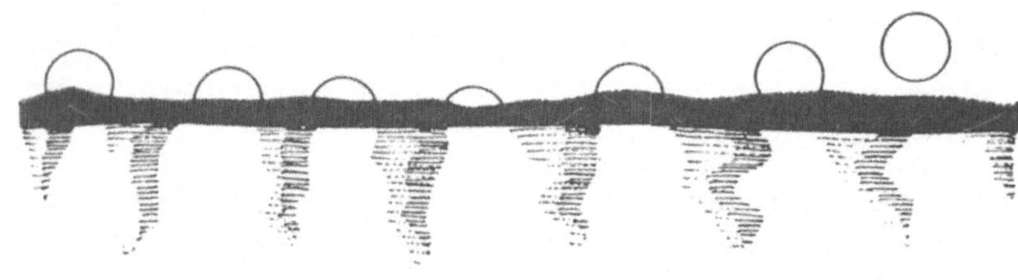

11 So etwas wie einen geraden Fluß gibt es nicht. Man hat in der Tat herausgefunden, daß die Strecke, auf der ein beliebiger Fluß gerade ist, das Zehnfache seiner Breite an dieser Stelle nicht überschreitet. Man könnte zunächst vermuten,

daß sich ein Fluß wegen der Unebenheiten im Gelände durch
die Landschaft schlängelt und windet. Keinesfalls! An einem
normalen, leicht geneigten Hang fließt das Wasser *nicht* geradeaus bergab. Es dreht und windet sich wie verzweifelt und versucht, den geraden Weg nach unten zu umgehen. Warum?

12 Eine in der Astronomie übliche Zeiteinheit ist der Sonnentag. Paradoxerweise sind auf der nördlichen Erdhalbkugel
Sonnentage im Winter länger als im Sommer. Können Sie sich
vorstellen, woher das kommt?

13 Die Theorie der Kontinentalverschiebung ist unter Geologen heutzutage weitgehend anerkannt. Insbesondere gehen
sie davon aus, daß die gegenwärtige Verteilung der Landmassen
unseren Globus sehr anfällig macht für eine Eiszeit. Warum?

14 Aus rein astronomischen Gründen müßte es auf der südlichen Erdhalbkugel kältere Winter und heißere Sommer geben
als in ihrem nördlichen Gegenstück. Tatsächlich trat die niedrigste Temperatur, die jemals registriert wurde, nämlich
$-88\,°C$, in der Antarktis auf. Im großen und ganzen wird diese
Tendenz jedoch durch besondere Bedingungen auf der südlichen
Erdhalbkugel weitgehend kompensiert. Auf welche mysteriösen
astronomischen Ursachen und besonderen Bedingungen wird
hier Bezug genommen?

15 Wenn, wie in einer Wetterfront, Warm- und Kaltluft nebeneinander liegen, wirken sie jeweils wie eine Hoch- bzw. Tiefdruckzone, selbst wenn in Bodennähe kein Druckunterschied
besteht. Der Druckunterschied zwischen ihnen gibt den sog.
thermalen Winden Auftrieb. Andererseits wissen wir, daß kalte
Luft schwerer als warme ist, so daß man eigentlich die kalte
Luft mit einer Hochdruckzone in Verbindung bringen müßte.
Wie können wir diesen Widerspruch klären?

16 Man würde erwarten, daß die Gravitationskraft in der Nähe
einer Bergkette bewirkt, daß ein an einem Winkeleisen hängen-
des Senkblei leicht von der Vertikalen abweicht. Dieses Beispiel
wird sogar in vielen Physikbüchern erwähnt. Überraschenderweise ist jedoch die beobachtete Abweichung viel geringer als
die durch theoretische Überlegungen vorhergesagte. In Wirklichkeit ist die Abweichung von der Vertikalen praktisch Null, was
offensichtlich bedeutet, daß eine Bergkette keine zusätzliche
Anziehungskraft auf ein Senkblei ausübt. Können Sie diese
paradoxe Situation erklären?

17 Zwei identische Züge fahren mit exakt derselben Geschwindigkeit in entgegengesetzte Richtungen von Ost nach West bzw. West nach Ost. Angenommen, ihre Fahrt verläuft auf demselben Breitenkreis: Welcher der beiden Züge ist schwerer?

18 Besucher aus Kanada sind bei ihrer Ankunft in Mexiko oft darüber erstaunt, wie schnell es nach Sonnenuntergang dunkel wird, verglichen mit der relativ langen Phase der Dämmerung in nördlichen Breiten. Woher kommt dieser Unterschied?

11
Weltraumforschung

1 Warum wurden die ersten amerikanischen Satelliten von Cape Caneveral, Florida, aus abgeschossen?

2 Kann man einen Satelliten so abschießen, daß er 24 Stunden am Tag, sagen wir, über New York schwebt?

3 Stellen Sie sich vor, Sie wären in einem fensterlosen Raum an Bord einer tellerförmigen Raumstation. Die Station dreht sich um den eigenen Mittelpunkt, um die gewohnte Gravitation künstlich zu erzeugen. Mit welchem einfachen Versuch können Sie sich vergewissern, daß Sie an Bord einer Raumstation und nicht auf der Erde sind?

4 Wenn man eine Rakete mit einer Geschwindigkeit von 11,2 km/s senkrecht nach oben abschießt, ist sie in der Lage, die Erde zu verlassen. Nehmen wir nun an, daß die Rakete mit derselben Geschwindigkeit nahezu horizontal abgeschossen wird. Wird sich die Rakete auch dann von der Erde entfernen können, falls der Luftwiderstand vernachlässigt werden kann?

5 Stellen Sie sich eine Mondbasis mit Straßen und Bürgersteigen wie auf der Erde vor. Wäre das Gehen auf dem Mond leichter oder schwieriger?

6 Wenn sich ein Satellit von einer startenden Rakete trennt, die ihn in eine Erdumlaufbahn bringen soll, sieht man in der Regel, daß die Rakete den Satelliten überholt, selbst wenn der Motor bereits abgestellt ist. Haben Sie eine Ahnung, warum dies so ist?

7 Wie kommt es, daß Raumfahrzeuge für einen Flug zur Venus auf ihrer Erdumlaufbahn entgegengesetzt zur Erddrehung ausgerichtet sind, wohingegen sie für einen Flug zum Mars in Richtung der Erddrehung gestartet werden?

8 Als Skylab sich in der Erdumlaufbahn befand, lebten die Astronauten an Bord in einem Zustand der Schwerelosigkeit, und dennoch wurde ihr Gewicht jeden Tag sorgfältig registriert. Wie ist es möglich, etwas zu wiegen, was kein Gewicht hat?

9 Stellen Sie sich eine Rakete vor, die sich in großer Höhe parallel zum Erdboden fortbewegt. Können sich die Auspuffgase, auf den Erdboden bezogen, in dieselbe Richtung bewegen wie die Rakete und diese noch immer vorwärts beschleunigen?

10 In der elementaren Mechanik lernt man, daß jede Wurfbahn eines Steines eine Parabel-Bahn ist (unter Vernachlässigung des Luftwiderstandes). Raketenexperten sagen jedoch, daß ein Geschoß nicht eine Parabelbahn beschreibt, es sei denn, es würde mit einer Geschwindigkeit abgefeuert, die ebensogroß wie die sog. *Fluchtgeschwindigkeit* oder *parabolische Geschwindigkeit* von 11,2 km/s ist oder größer. In diesem Fall kehrt das Geschoß niemals zur Erde zurück. Zugleich behaupten die Raketenexperten, daß ein Objekt, das mit einer niedrigeren Geschwindigkeit als der Fluchtgeschwindigkeit abgefeuert wird, eine elliptische Bahn durchläuft, wobei die Erde in einem der Brennpunkte steht. Wer hat recht?

11 In einem Flugzeug kann Schwerelosigkeit für die Dauer bis zu einer Minute nur durch eines der folgenden Manöver erzielt werden: (1) Nach innen gekehrtes Looping (mit dem Mittelpunkt oberhalb des Flugzeugs); (2) Nach außen gekehrtes kreisförmiges Looping (mit dem Mittelpunkt unterhalb des Flugzeuges); (3) Nach außen gekehrtes parabolisches Looping. Welches dieser Manöver ist das geeignete?

12 Während Start- und Landephase liegen die Astronauten immer parallel zur Erdoberfläche. Warum ist diese Lage einer aufrecht sitzenden Haltung vorzuziehen?

13 Die erste bemannte Mondlandung durch die Apollo-XI-Mannschaft am 16. Juli 1969 fand ebenso wie alle fünf darauffolgenden Landungen auf der erdzugewandten Seite des Mondes statt. Warum?

12
Das Universum

1 Besteht für die Erde Gefahr, auf die Sonne zu stürzen?

2 Obwohl die beleuchtete Fläche des Vollmondes nur zweimal so groß ist wie die des ersten oder letzten Viertels, ist der Vollmond ungefähr neunmal heller. Warum?

3 Kann man auf dem Mond den Erdaufgang oder Erduntergang sehen?

4 Der Innenrand der Saturnringe dreht sich 2 1/2 Meilen pro Sekunde (= 4,02 km/s) schneller als der Außenrand. Ist es auf Grund dieser Tatsache möglich, daß die Saturnringe dünne feste Scheiben sind?

5 Venus und Erde sind etwa gleich groß. Die Erde würde jedoch von der Venus aus gesehen im günstigsten Fall etwa sechsmal heller erscheinen als die Venus jemals der Erde erscheint. Trotz der Tatsache, daß die Erde weiter von der Sonne entfernt ist, ist das so! Wie kann man dieses Paradoxon erklären?

6 Warum sind Merkur und Venus nachts generell nicht zu sehen?

7 In jeder klaren Nacht kann man am Himmel alle zehn Minuten einen Meteor sehen. Gegen Morgen erhöht sich jedoch ihre Anzahl. Warum?

8 Die durchschnittliche Dichte der Erde beträgt 5,5 g/cm³, d.h., daß 5,5-Fache der des Wassers. Dagegen haben die vier größten Planeten unseres Sonnensystems eine viel geringere Dichte: Neptun — 2 g/cm³; Uranus — 1,5 g/cm³; Jupiter — 1,3 g/cm³ und Saturn nur 0,69 g/cm³. Welchen Grund gibt es für diesen Unterschied?

9 Gibt es im Sonnensystem irgendwelche natürlichen Objekte, die im Westen auf- und im Osten untergehen?

10 Bei den Planeten unseres Sonnensystems fällt ein sehr interessanter Zusammenhang zwischen der Masse und der Zeit für eine volle Umdrehung auf; fast durchweg gilt: Je größer die Masse ist, desto größer ist die Drehgeschwindigkeit. Demgemäß dreht sich Jupiter mit der größten Masse aller Planeten am schnellsten: in 9 Stunden 50 Minuten einmal um seine Achse. Der Saturn, dessen Masse geringer ist, dreht sich in 10 Stunden 15 Sekunden, Uranus und Neptun mit noch geringerer Masse in 11 bzw. 12 Stunden und schließlich Mars, der kleiner ist als jeder andere äußere Planet, in 24 Stunden 37 Minuten. Die Erde hat jedoch 10 mal so viel Masse wie der Mars und dreht sich dennoch in ungefähr derselben Zeit. Warum dreht sich die Erde so langsam?

11 Die Flaggen mehrerer Länder (z.B. der Komoren, Mauretaniens, Pakistans) haben einen Stern zwischen den Spitzen einer Mondsichel. Kann man eine solche Konstellation auch am Himmel sehen?

12 Mond und Sonne erscheinen oft in unterschiedlichen Gelb- und Rotfärbungen. Aber kann der Mond auch blau aussehen, wie in dem Ausdruck „once in a blue moon" (einst in blauem Mondlicht) gesagt wird?

13 Der höchste Berg der Erde ist nicht Mount Everest, sondern der Vulkan Mauna Kea auf Hawaii. Er erhebt sich 31 000 Fuß (= 9448 m) vom Grund des Ozeans und reicht fast 2000 Fuß (= 610 m) höher als der Mount Everest herauf, aber nur die oberen 13 823 Fuß (= 4213 m) zeigen sich über dem Wasserspiegel.

Überraschenderweise ist jedoch der höchste Berg des Mars, der vulkanische Bergkegel Olympus Mons, mindestens 80 000 Fuß (= 24 000 m) hoch, und sein Basisdurchmesser beträgt 350 Meilen (= 563 km). Mars ist nur halb so groß wie die Erde und trotzdem sind seine Berge viel höher als unsere. Gibt es dafür irgendeine Erklärung?

14 Sehen die Leute auf der südlichen Halbkugel den Mond umgekehrt?

15 Wieviel *wiegt* der Mond?

16 Es ist allgemein bekannt, daß der Mond größer erscheint, wenn er nur wenig über dem Horizont steht. Unterliegen Sterne dem gleichen Effekt? Anders gefragt: „expandieren" Sternkonstellationen, wenn sie sich dem Horizont nähern?

Lösungen

1
Kräfte und Bewegung

1 Dick gewinnt erneut. Beim ersten Mal lief er 100 Yards in der Zeit, in der Jane 90 Yards zurücklegte. Wenn Jane beim zweiten Lauf 90 Yards zurückgelegt hat, wird Dick 100 zurückgelegt haben, so daß er sich mit ihr auf gleicher Höhe befindet. Beide haben 10 weitere Yards vor sich. Da Dick der schnellere Läufer ist, wird er vor Jane am Ziel sein.

2 Tatsächlich verlagert sich der Schwerpunkt ein wenig nach unten, wenn die Kugel über den Spalt zwischen den auseinanderstrebenden Strohhalmen rollt.

3 Die überraschende Antwort ist, daß die Kugeln, unabhängig davon, wie groß die Entfernung zwischen den Kanonen ist und in welchem Winkel sie aufeinander ausgerichtet sind, immer in der Luft kollidieren (unter Vernachlässigung des Luftwiderstands und unter der stillschweigenden Voraussetzung, daß die Reichweiten groß genug sind).

Um das zu verstehen, lassen wir die Erdanziehungskraft für einen Augenblick außer Acht. Die Kugeln bewegen sich dann entlang der geraden Linie, die in der Skizze eingezeichnet ist, und kollidieren im Mittelpunkt dieser Linie. Jetzt berücksichtigen wir noch die Erdanziehungskraft. Anstatt sich entlang der geraden Linie zu bewegen, entfernen sich die Kugeln in Richtung Boden um den *gleichen* Abstand davon, also werden sie immer noch in der Luft kollidieren.

4 Ein System befindet sich im stabilsten Zustand, wenn seine potentielle Energie ihr Minimum erreicht. Der Schwerpunkt der Äpfelmenge liegt am tiefsten, wenn die Äpfel im unteren Teil des Eimers so dicht wie möglich zusammengepackt sind. Diese Bedingung ist erfüllt, wenn die Zwischenräume im unteren Teil des Eimers so vollständig wie möglich mit kleinen Äpfeln gefüllt sind. Folglich werden die größeren Äpfel die Tendenz haben, schließlich oben zu liegen.

5 Die Regel, daß Körper mit tiefgelagertem Schwerpunkt in stabilerer Lage sind als Körper mit hochgelagertem Schwerpunkt, hat nur im Zustand des statischen Gleichgewichts Gültigkeit. Wenn man einen Bleistift senkrecht auf der Fingerspitze balanciert, bewegt man den Finger ständig, damit er senkrecht unter dem Schwerpunkt des Stiftes bleibt; denn zur Sicherung des Gleichgewichts ist es erforderlich, den Unterstützungspunkt senkrecht unter dem Schwerpunkt zu wählen. Ist der Stift jedoch lang, so ist sein Trägheitsmoment, d.h. sein Widerstand gegen eine Drehung um seinen Unterstützungspunkt, groß.

Folglich kann der Stift auf die Erdanziehungskraft, die ihn zu kippen versucht, nur so langsam reagieren, daß für den Jongleur Zeit bleibt, seine Fingerspitze wieder unter den Schwerpunkt des Stiftes zu verlagern.

6 Betrachten wir einen Maurerwinkel, wie er im Bild dargestellt ist. Der Massenmittelpunkt des Winkels liegt im Punkt C. Wir legen einen kleinen kugelförmigen Körper so auf den Punkt C, daß der Abstand zwischen den Massenmittelpunkten der Körper, der Kugel und des Winkels, gleich Null ist. Gemäß der in der Aufgabenstellung angegebenen Formulierung des Newtonschen Gravitationsgesetzes würde die Anziehungskraft, die die beiden Körper aufeinander ausüben, unendlich groß! Dies ist natürlich nicht der Fall. Legt man eine kleine Kugel auf den Punkt A, so hat man in Wirklichkeit zu erwarten, daß die Gravitationskraft, die zwischen der Kugel und dem Maurerwinkel wirkt, die Kugel von Punkt C entfernt. Für den betrachteten Fall scheint die in der Aufgabenstellung angegebene Gleichung eine Kraft anzugeben, mit der sich die Massenmittelpunkte nicht anziehen, sondern abstoßen.

Newton war sich durchaus der Schwierigkeit bewußt, einen Abstand, der für die Formel der Gravitationskräfte verwendet werden kann, zu definieren. Er hat dieses Gesetz, nach dem die Gravitationskraft zum Kehrwert eines Abstandsquadrates proportional ist, für punktförmige Massen und nicht für ausgedehnte Körper formuliert, d gab dabei den Abstand zwischen den punktförmigen Massen (,,Massepunkten'') an.

Nur in einem Sonderfall gilt das Gesetz in der anfangs angegebenen Formulierung auch für ausgedehnte Körper: für die

Anziehungskraft zwischen Kugeln, in denen die Dichte jeweils nur vom Abstand vom Mittelpunkt abhängt. In diesem Fall bedeutet d den Abstand der Massenmittelpunkte und zugleich der geometrischen Mittelpunkte.

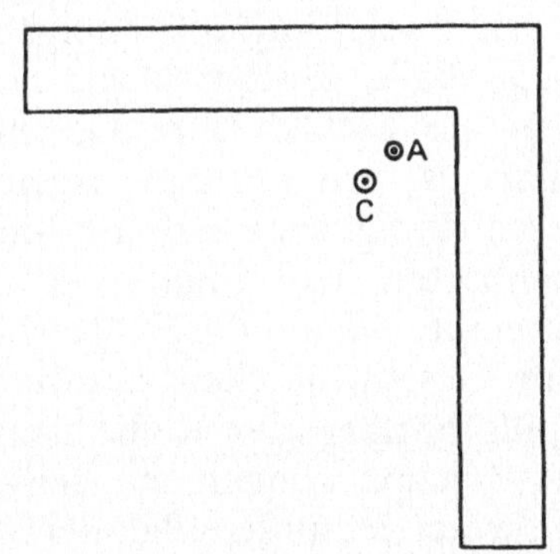

7 Das Spielzeug veranschaulicht die Prinzipien der Impulserhaltung sowie der Energieerhaltung. Angenommen, man nimmt zwei äußere Bälle von der rechten Seite und läßt sie aus der Höhe h gegen die restlichen Bälle fallen. Zur Zeit des Aufpralls sei die Geschwindigkeit der Bälle v. Der Gesamtimpuls unmittelbar vor dem Stoß beträgt daher $2mv$. Nach dem Stoß sind die drei Bälle auf der rechten Seite in bewegungslosem Zustand, die beiden Bälle auf der linken Seite fliegen mit der Geschwindigkeit v und dem Gesamtimpuls $2mv$ davon. Das entspricht genau dem Gesamtimpuls vor dem Stoß. Die Energie bleibt ebenfalls erhalten; denn die beiden Bälle linkerhand erreichen, nachdem sie weggestoßen worden sind, genau die Höhe h, aus der die Bälle rechterhand fallengelassen worden waren. Also beträgt die potentielle Energie der beiden Bälle auf der linken Seite schließlich $mgh + mgh = 2mgh$, und sie ist genauso groß wie die potentielle Energie der beiden Bälle auf der rechten Seite ursprünglich gewesen ist, nämlich $m \cdot g \cdot h + m \cdot g \cdot h$.

Es ist jedoch ein verbreiteter Irrtum anzunehmen, daß die Prinzipien der Impulserhaltung und der Energieerhaltung hinreichen, um die Reaktionen der Bälle vorauszusagen. Diese Annahme ist falsch. Mit Hilfe der beiden Prinzipien erhält man nur zwei Gleichungen für die unbekannten Endgeschwindigkeiten. Selbst wenn man nur drei Bälle benutzt, erhält man zwei Gleichungen mit drei Unbekannten! Um eine vollständige Erklärung zu finden, muß daher ein weiteres Prinzip ins Spiel gebracht werden. Zum Beispiel können wir voraussetzen, daß zwischen den Bällen ein geringer Abstand besteht, und daß jeder Stoß nur zwei benachbarte Bälle einbezieht. Dann müssen wir in jedem Fall nur zwei Endgeschwindigkeiten bestimmen. Wenn zwei elastische Bälle gleicher Masse zentral zusammenstoßen, vertauschen sie einfach ihre Geschwindigkeiten. In unserem Fall verhält es sich so, daß, wenn der Ball rechts außen mit der Geschwindigkeit v auf den sich im Ruhestand befindlichen benachbarten Ball prallt, der Ball am rechten Ende zur Ruhe kommt, während sein Nachbar linker Hand beginnt, sich mit der Geschwindigkeit v zu bewegen. Auf diese Art wird der Impuls entlang der Reihe übertragen. Mit der Anwendung dieses Prinzips können wir schwierige Probleme lösen, zum Beispiel, wenn der äußere Ball der Masse $2m$ auf drei Bälle, die jeweils die Masse m haben, prallt. Unmittelbar nach dem Stoß beträgt die Geschwindigkeit der Masse $2m$ nun $v/3$ und diejenige der Masse m jetzt $4v/3$. Diese Größen lassen sich aus den Gleichungen des Impulserhaltungssatzes und Energieerhaltungssatzes berechnen. Ähnliche Berechnungen können für jeden Stoßvorgang innerhalb der Reihe angestellt werden, und damit ist das Problem vollständig gelöst.

8 Die Geschwindigkeit, mit der der Ball von der Wand zurückprallt, muß etwas geringer sein als die Ausgangsgeschwindigkeit, selbst wenn es sich um einen ideal elastischen Stoß handelt. Für Gasmoleküle, die auf einen beweglichen Kolben treffen und auf diese Weise während der Expansion des Gases Arbeit leisten, ist dieser Effekt wohlbekannt. Der Impuls, den die Wand und die Erde erhalten, $P = MV$, ist eine endliche Größe und zugleich $2mv$. Die kinetische Energie der Wand und der

Erde läßt sich schreiben als $K = \frac{1}{2} M v^2 = \frac{1}{2} \frac{P^2}{M}$.

Wenn P endlich ist und M, die vereinigte Masse von Wand und Erde, sehr groß wird, konvergiert die kinetische Energie gegen Null. Das zeigt, daß ein massiver Gegenstand gleichzeitig einen beträchtlichen Impuls und praktisch keine kinetische Energie haben kann. Beide Größen genügen dann den Erhaltungssätzen.

9 Das Gewicht der Kohlen ist in beiden Fällen gleich. Manch einer glaubt, daß ein Kubikmeter kleiner Kohlen schwerer ist als ein Kubikmeter großer Kohlen, weil man die kleineren Kohlen dichter packen kann. Dabei übersieht er aber, daß beim Packen kleinerer Kohlen weitaus mehr Hohlräume entstehen, wenn diese auch kleiner sind.

Wir wollen unsere Behauptung beweisen. n sei die Anzahl der Kohlen, die eine Seite von einem Meter Länge bedecken. Dann beträgt die Gesamtanzahl der Kohlen innerhalb des Kubikmeters n^3, und der Radius einer Kohle beläuft sich auf $1/2\,n$ Meter. Das Volumen V einer Kugel berechnet sich nach der Formel $V = \frac{4}{3}\pi r^3$. Also beträgt das Volumen einer Kohle $\frac{4}{3}\pi\,\frac{1}{8\,n^3} = \frac{\pi}{6\,n^3}$ Meter³, und weil wir n^3 Kohlen in einem Kubikmeter unterbringen können, beträgt das Gesamtkohlenvolumen in einem Kubikmeter $\pi/6 \approx 0{,}5236$ Meter³. Also ist etwas mehr als die Hälfte des Kubikmeters mit Kohle gefüllt, der Rest — das ist etwas weniger als die Hälfte — ist Hohlraum. Da der Bruch $\pi/6$ weder von dem Radius der Kohlen, noch von deren Anzahl abhängt, muß das Gewicht eines Kubikmeters kleiner kugelförmiger Kohlen identisch sein mit dem Gewicht eines Kubikmeters großer kugelförmiger Kohlen.

10 Newtons Wechselwirkungsgesetz ist nicht auf jede willkürlich konstruierte *Komponente* einer realen Kraft separat anwendbar, wie dagegen auf die Gravitationskraft, durch die die Erde den Ball anzieht. Tatsächlich kann man Newtons Axiom auch nicht auf *Resultierende* realer Kräfte anwenden.

11 Die Füllrate, das ist die Regenmenge, die pro Sekunde in den Eimer fällt, ändert sich nicht, obwohl die zur Regen-Richtung senkrechte Querschnittfläche, die der Regen durchqueren muß, um in den Eimer zu gelangen, kleiner wird ($S_1 = S\cos\alpha$; Bild Seite 58); denn mit der Richtung der fallenden Regentropfen ändert sich hierbei auch ihre Geschwindigkeit. Sie wird größer ($v_1 = v/\cos\alpha$; Bild). Mit anderen Worten hängt der Zeitraum, in dem der Eimer gefüllt wird, nur von der vertikalen Komponente der Geschwindigkeit der Regentropfen ab, die durch den Wind jedoch nicht verändert wird.

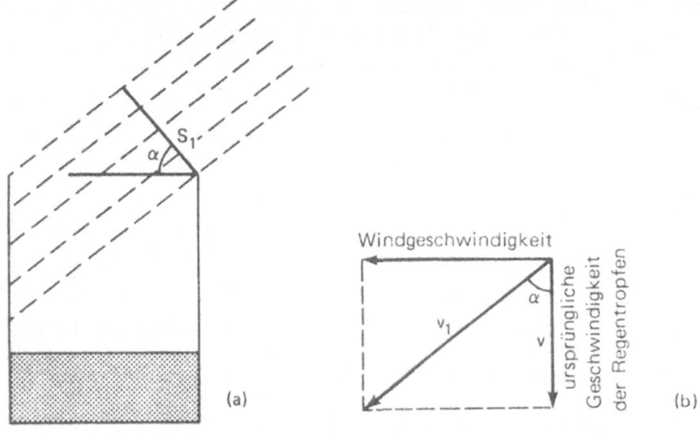

12 Die Waage zeigt 500 N! Wenn man das 300 N schwere Gewichtstück an den Haken der Waage hängt, vermindert sich die Spannung des unteren Seiles auf 500 N − 300 N = 200 N. Die Summe der nach unten gerichteten Kräfte, die von dem 300 N schweren Gewichtstück und der 200 N starken Spannung des Seiles ausgeübt werden, addieren sich wieder zu 500 N auf. Das Gewichtstück von 300 N übernimmt einen Teil der Belastung, die das Seil getragen hatte, aber die Gesamtbelastung bleibt unverändert. Wenn man also ein beliebiges Gewicht von maximal 500 N an den Haken der Federwaage hängt, zeigt diese in jedem Fall 500 N an. Hängt man ein Gewicht von 100 N an den Haken der Waage, wird die Spannung des Seiles auf Null reduziert und das Gewicht hat die Rolle des Seiles übernommen. Hängt man mehr als 500 N an den Haken der Waage, hängt das Seil vollständig durch, und die Anzeige ist identisch mit dem Gewicht, das an der Waage hängt.

13 Der Schwerpunkt des Apparates liegt im Bereich der beiden Kugeln. Zieht man in Gedanken eine Linie, die den Schwerpunkt des Apparates mit dem Unterstützungspunkt verbindet, so stellt man fest, daß der Schwerpunkt senkrecht unter dem Unterstützungspunkt liegt, und jede Abweichung der mit den beiden Metallkugeln bestückten, gekrümmten Stange nach rechts oder links ergibt eine Verlagerung des Schwerpunktes nach oben. Also ist das Gleichgewicht stabil. Es spielt keine Rolle, ob der Schwerpunkt senkrecht unter oder über dem

Unterstützungspunkt liegt, wenn ein Gegenstand im Gleichgewicht sein soll. Wichtig hingegen ist, daß die beiden Punkte sich durch eine senkrechte Linie verbinden lassen.

14 Die Kugel, die entlang der Strecke ADC rollt, erreicht den Punkt C zuerst. Es stimmt zwar, daß beide Kugeln die gleiche Weglänge zurücklegen, und daß sowohl die Beschleunigungen längs AB und DC als auch die Beschleunigungen längs AD und BC jeweils untereinander gleich sind, denn die zugehörigen Ebenen haben jeweils denselben Neigungswinkel. Jedoch hat die Kugel, die entlang der Strecke DC rollt, durch den steilen Abfall der Strecke AD bereits eine höhere Durchschnittsgeschwindigkeit erreicht. Andererseits hat die Kugel, die entlang der entsprechenden Seite AB rollt, eine sehr geringe Durchschnittsgeschwindigkeit, da ihre Beschleunigung gering ist.

15 Der Massenmittelpunkt eines geraden Kreiskegels liegt auf der Höhenlinie des Kegels ein Viertel oberhalb der Basis. Der Grund für die Verlagerung des Massenmittelpunktes nach unten wird ersichtlich, wenn wir uns den Kegel in dünne Dreieckscheiben zerlegt denken. Diese sollen parallel zum größten Dreieck sein, das durch den Scheitelpunkt geht. Der Massenmittelpunkt einer jeden derartigen Dreieckscheibe liegt auf dessen Höhenlinie, ein Drittel oberhalb der Basis. Je weiter sich die Dreieckscheiben von dem Dreieck, das durch den Scheitelpunkt des Kegels geht, entfernen, desto kleiner werden sie, und damit werden auch die zugehörigen Höhen kleiner, was bedeutet, daß die Massenmittelpunkte der Dreieckscheiben sich immer mehr der Basis des Kegels nähern. Folglich wird der Massenmittelpunkt des gesamten Kegels nach unten verlagert. Exakt liegt der Massenmittelpunkt ein Viertel oberhalb der Basis auf der Symmetrieachse des Kegels.

16 Man ist versucht zu sagen, daß der Luftwiderstand vernachlässigt werden kann, da er für beide Körper gleich ist, und zu folgern, daß die beiden Körper gleichzeitig am Boden ankommen. Wir können aber leicht einsehen, daß diese Überlegung falsch ist. Nehmen wir zum Beispiel den Körper der Masse M. Es werden zwei Kräfte auf ihn ausgeübt: das Gewicht $M \cdot g$ und der Luftwiderstand F. Die resultierende Kraft ist $Mg - F$. Daher ist die Beschleunigung $a = (Mg - F)/M = g - F/M$. Weil folglich ein Körper mit größerer Masse eine höhere Beschleunigung erfährt, wird dieser den Boden zuerst erreichen.

Physikalisch-technische Welt

1 Wenn das Geschoß mit großer Anfangsgeschwindigkeit unter einem genügend großen Winkel abgefeuert wird, erreicht es eine Höhe von 25–30 Meilen (ca. 40–48 km). In diesem Bereich wird die Luft sehr dünn und bietet wenig Widerstand. Dann fliegt das Geschoß 80–100 Meilen durch die Stratosphäre (ca. 129–161 km), bevor es steil zur Erde zurückfällt. Wenn man das Geschoß aus einem 45°-Winkel abfeuert, verläuft die Geschoßbahn durch dichtere Luftschichten die, auf Grund ihres hohen Widerstandes, die Reichweite auf nur ein paar Meilen begrenzen.

2 Das stellen wir fest, indem wir sie eine geneigte Ebene hinunterrollen lassen und darauf achten, daß sie nicht rutschen. Am Ende der Ebene müssen beide Zylinder gleiche Beträge an kinetischer Energie besitzen, weil sie denselben Höhenunterschied überwunden haben. Die kinetische Energie eines Zylinders ist jeweils die Summe aus seiner Translationsenergie und seiner Rotationsenergie:

$$T = mv^2/2 + I\omega^2/2$$

Dabei bezeichnet I das Trägheitsmoment bezüglich der Drehachse und ω die Winkelgeschwindigkeit. Hierbei gilt $v = a\omega$, wenn a der Radius des Zylinders ist. Also erhält man

$$T = \omega^2 (m \cdot a^2 + I)/2$$

Die Gleichheit der kinetischen Energien für beide Zylinder läßt sich durch folgende Gleichung ausdrücken:

$$\omega_m^2 (ma^2 + I_m)/2 = \omega_h^2 (ma^2 + I_h)/2$$

Dabei stehen m und h für „massiv" bzw. „hohl". Es ist aber $I_h > I_m$, weil die Masse des hohlen Zylinders weiter von der

Symmetrieachse entfernt ist. Dann muß gelten $\omega_h < \omega_m$, und das bedeutet, daß ein hohler Zylinder langsamer rollt als ein massiver.

3 Bei Durchführung dieses Experiments stellt man fest, daß der Bleistift zunächst über einen Finger gleitet, dann über den anderen; er gleitet so lange hin und her, bis die beiden Finger unterhalb des Schwerpunktes zusammengekommen sind. Dieser befremdende Ablauf läßt sich ganz einfach dadurch erklären: Der Finger, der weiter vom Schwerpunkt des Stiftes entfernt ist, trägt weniger Gewicht. Deshalb ist hier der Reibungswiderstand geringer, und folglich bewegt sich dieser Finger zuerst. Während er sich dem Schwerpunkt nähert, nimmt das Gewicht, das er trägt, so lange zu, bis die Gleitreibung zwischen diesem Finger und dem Bleistift größer wird als die Haftreibung zwischen dem anderen Finger und dem Bleistift. Jetzt hört der erste Finger auf, sich zu bewegen, der andere setzt sich in Bewegung. Die Rollen werden mehrmals vertauscht, bis beide Finger schließlich unter dem Schwerpunkt angekommen sind.

4 Es spielt keine Rolle, wieviel kinetische Energie ein Hammer besitzt. Wichtig dagegen ist, wieviel von dieser Energie auf den Pfahl übertragen werden kann. Man kann den Aufprall des Hammers auf den Pfahl mit dem Stoßvorgang zwischen zwei gleichgroßen Kugeln vergleichen. Trifft eine rollende Metallkugel zentral auf eine sich im Ruhezustand befindende Holzkugel, so wird diese anfangen, sich langsam zu bewegen, während die Metallkugel unverändert in die gleiche Richtung rollt. Trifft eine rollende Holzkugel auf eine Metallkugel, die sich im Ruhezustand befindet, bewegt diese sich kaum, während die Holzkugel mit nahezu der gleichen Geschwindigkeit zurückprallt. In beiden Fällen hat die zuerst bewegte Kugel sehr wenig Energie auf die ruhende Kugel übertragen. Prallt aber andererseits eine rollende Metallkugel zentral auf eine ruhende gleichartige Metallkugel, so kommt die erste Metallkugel am Ort des Zusammenstoßes zum Stillstand, und die zweite Kugel rollt mit der ursprünglichen Geschwindigkeit der ersten Kugel davon. In diesem Fall überträgt die anfangs rollende Kugel ihre gesamte kinetische Energie auf die Kugel, die sich anfangs im Ruhezustand befindet. Es ergibt sich daraus folgende Regel: Zur optimalen Energieübertragung sollten sich die Massen der zusammenstoßenden Gegenstände so wenig wie möglich unterscheiden. Also kann ein schwerer Hammer mehr Energie

auf einen Pfahl übertragen als ein leichter Hammer, da die Masse des schweren Hammers der Masse des Pfahles näher kommt als die des leichten Hammers.

5 Der arbeitende Teil des Riemens wird weniger durchhängen wenn die Rollen sich im Uhrzeigersinn drehen. Folglich wickelt sich der Riemen um einen größeren Teil des Umfangs der Rollen, die Kopplung zwischen den Rollen nimmt zu und damit auch die Kraft, die übertragen wird.

6 Die Kräfte, die auf die Spule ausgeübt werden, sind in dem Schaubild dargestellt. In bewegungslosem Zustand sind sowohl die Gesamtkraft in horizontaler als auch in vertikaler Richtung und zugleich das Drehmoment in Bezug auf Punkt A, den Mittelpunkt der Spule, gleich Null. Damit erhalten wir die folgenden drei Gleichungen:

$$F \sin \theta = f = \mu N$$
$$N + F \cos \theta = W$$
$$Fr = fR$$

Dabei bezeichnet f die Reibungskraft zwischen der Spule und der Unterlage, N die Normalkraft, die die Unterlage auf die Spule ausübt, μ die Reibungszahl, W das Gewicht der Spule, r den kleineren Radius der Spule, um den das Band gewickelt ist, und R bezeichnet den größeren Radius der Spule, der die Unterlage berührt. Kombiniert man die erste Gleichung mit der dritten, so erhält man

$$\sin \theta = r/R$$

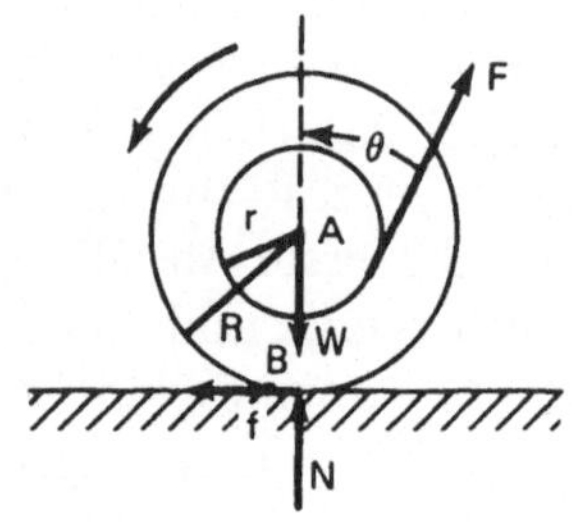

Wir sehen, daß der Wert θ, für den die Spule am selben Fleck verharrt, unabhängig von der Reibungszahl ist. Mit Hilfe der zweiten Gleichung folgt nun $f = \mu N = \mu (W - F \cos \theta)$. Nimmt θ

einen größeren Wert an als den, bei dem das soeben besprochene Gleichgewicht herrscht, so wird der Wert von $\cos\theta$ kleiner, folglich wird der Ausdruck in Klammern und damit auch die Reibungskraft f größer. Schließlich wird das Drehmoment fR größer als Fr, und die Spule dreht sich im Uhrzeigersinn, d.h., in Richtung des Experimentierenden. Verkleinert man θ, so wird das Drehmoment Fr schließlich größer als fR, und die Spule dreht sich gegen den Uhrzeigersinn, d.h., sie entfernt sich von demjenigen, der das Experiment ausführt.

7 Das Fahrrad versucht, sich rückwärts zu bewegen und das Pedal, sich im Uhrzeigersinn zu drehen. Wenn wir das nachfolgende Bild betrachten, erkennen wir folgende Beziehungen:

Das resultierende Drehmoment, das auf die Pedale wirkt, ist gleich Null, d.h.,

$$Tr_2 - Fr_1 = 0 \tag{2-1}$$

Dabei bezeichnet T die Kettenspannung, F die angewendete Kraft.

Das resultierende Drehmoment, das auf das Hinterrad wirkt, ist ebenfalls gleich Null, d.h.:

$$Tr_3 - Sr_4 = 0 \tag{2-2}$$

Dabei bezeichnet S die vorwärtsgerichtete Kraft, die der Boden auf das Hinterrad ausübt. Aus den Gleichungen (2-1) und (2-2) erhalten wir

$$S = Tr_3/r_4 = Fr_1 r_3/r_2 r_4$$

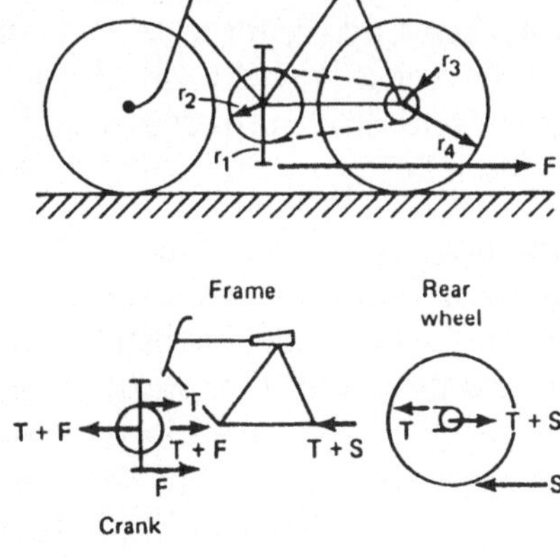

Für ein gewöhnliches Fahrrad gilt aber $r_1 < r_4$ und $r_3 < r_2$, folglich $S < F$. Daher existiert letztendlich eine rückwärts gerichtete Kraft, $F - S$, die auf den Fahrradrahmen wirkt. Somit versucht das Fahrrad, rückwärts zu rollen, und die Räder und die Pedalen versuchen sich im Uhrzeigersinn zu drehen.

8 Die Antwort ist paradoxerweise, daß der Student seine rechte Hand *nach oben* bewegen muß und seine linke *nach unten*.

Um das einzusehen, wollen wir den Bewegungszustand von vier Massenelementen im Reifen betrachten. Am oberen Ende des Rades verläuft der Geschwindigkeitsvektor horizontal und in Blickrichtung des Studenten, und es ist eine kleine Geschwindigkeitsänderung nach links erforderlich, um den gewünschten Effekt zu erhalten. Der Geschwindigkeitsvektor des Massenelements am unteren Ende des Reifens verläuft horizontal direkt auf den Bauch des Studenten zu, der Vektor erfordert eine Veränderung nach rechts. Die Massenelemente vorn und hinten haben vertikale, nach oben bzw. nach unten gerichtete, Geschwindigkeitsvektoren, und diese brauchen nicht verändert zu werden, um die gewünschte Verschiebung der Ausrichtung des Rades zu erhalten.

Diese Überlegung läßt sich leicht auf die Geschwindigkeit eines beliebigen Masseteilchens übertragen und läßt erkennen, daß alle Massenelemente im oberen Teil des Rades eine Geschwindigkeitsveränderung nach links erfordern, während alle Massenelemente im unteren Teil des Rades eine Geschwindigkeitsveränderung nach rechts erfordern. Die einzige Möglichkeit, die Geschwindigkeit eines Massenelements hinsichtlich einer vorgegebenen Richtung zu verändern, ist jedoch, eine Kraft in eben dieser Richtung wirken zu lassen. Das bedeutet, daß der Student Kräfte angreifen lassen muß, die in der oberen Hälfte nach links wirken und in der unteren Hälfte nach rechts. Das kann er über die Achse, das Lager, die Radnabe und die Speicher erreichen, indem er seine rechte Hand anhebt und die linke nach unten sinken läßt.

9 Die falsche Annahme, daß der Haftreibungskoeffizient nicht größer als eins werden kann, ist weit verbreitet. Tatsächlich kann der Koeffizient, wie man nachstehender Tabelle entnehmen kann, sehr viel größer als eins werden:

Stoffpaar	μ	maximaler Haftreibungs- winkel θ
Trockener Reifen auf trockener Straße	1,0	45°
Aluminium auf Aluminium	1,5	56°
Styropor auf Styropor	2,1	45°
Plastikschaumschwamm auf Sandpapier	29	88°

Der Haftreibungskoeffizient wird oft folgendermaßen bestimmt: Man legt einen Block, sagen wir aus Aluminium, auf ein Aluminiumbrett und vergrößert den Neigungswinkel des Brettes so lange, bis ein Grenzwinkel erreicht ist, bei dem der Block gerade beginnt, das Brett hinunterzugleiten. Dieser Winkel heißt *maximaler Haftreibungswinkel*, und für Aluminium auf Aluminium beträgt er 56°. Bei diesem Winkel ist die Gewichtskomponente des Blocks entlang des Brettes gerade gleich der Reibungskraft, die zu verhindern versucht, daß der Block auf dem Brett hinuntergleitet. Man kann leicht zeigen, daß der Reibungskoeffizient gleich dem Tangens des maximalen Reibungswinkels ist, d.h., $\mu = tan\,\theta$.

10 Nehmen Sie einen Holzbalken und stützen Sie dessen Enden mit zwei Stühlen. Hängen Sie nun einige Gewichte entlang der Balkenlänge auf, und Sie werden die im Bild dargestellte Beobachtung machen: Die obere Schicht des Balkens wird kürzer, sie muß der Kompression Widerstand leisten; die untere Schicht wird länger, sie muß der Spannung Widerstand leisten. Irgendwo zwischen der oberen und der unteren liegt eine Schicht mn, deren Länge unverändert bleibt, sie hat daher keine Funktion, abgesehen davon, daß sie die obere und die untere Schicht zusammenhält. Diese Schicht heißt neutrale Schicht. Stahl ist wesentlich teurer und wesentlich schwerer als Holz; daher sollte der überwiegende Teil des Materials

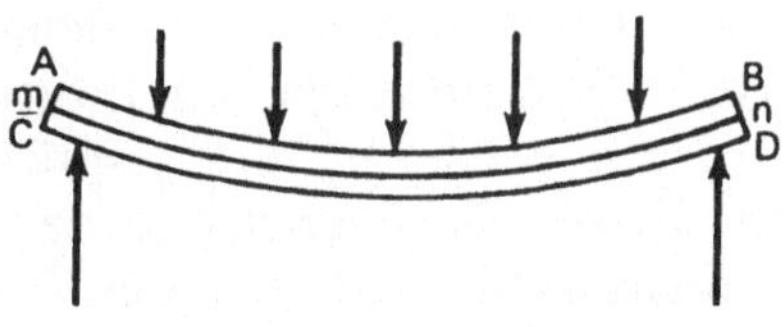

dort plaziert werden, wo es sinnvoll ist. Das bedeutet, daß der größte Teil in der oberen und der unteren Schicht untergebracht wird, so wenig wie möglich in der neutralen Schicht und deren unmittelbarer Nähe.

11 Wie das Bild verdeutlicht, verringert der Luftwiderstand die maximale Reichweite auf nahezu ein Zehntel. Bei Vernachlässigung des Luftwiderstandes beschreibt eine Kugel, die mit einer Anfangsgeschwindigkeit von 2.000 Fuß pro Sekunde (= 609,60 m/s) abgefeuert wird, eine riesige sechs Meilen (= 9,66 km) hohe Kurve und fliegt fast 24 Meilen weit (= 38,62 km). In der Realität fliegt die Kugel jedoch nur etwa 2,5 Meilen weit und beschreibt eine sehr kleine Kurve im Vergleich zu der ersten.

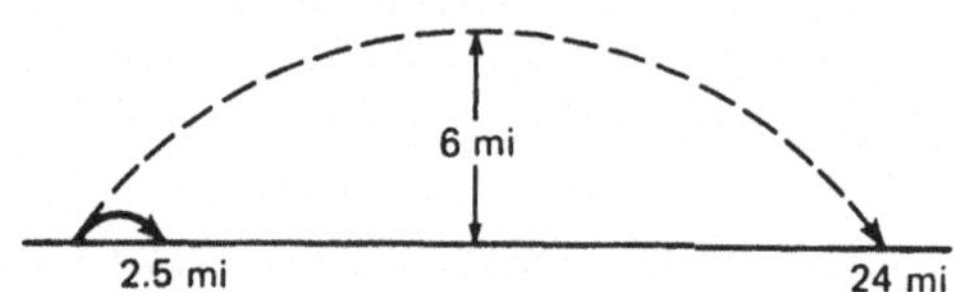

12 Die kleinere Brücke ist fünfmal so stabil wie die größere Brücke! Das liegt daran, daß eine Brücke so stabil wie ihre Stahlträger ist. Die Belastbarkeit eines Stahlträgers verhält sich proportional zu seinem Querschnitt, der sich seinerseits mit dem Quadrat des Vergrößerungsfaktors multipliziert. Aber das Gewicht des Stahlträgers ist proportional zur dritten Potenz des Vergrößerungsfaktors. Daher verändert sich die Belastbarkeit invers zu ihrer Länge. Wenn wir also eine Brücke nehmen und jedes ihrer Maße verfünffachen, wird die neue Brücke so instabil, daß sie vielleicht sogar unter ihrem Eigengewicht einstürzt.

13 Wenn der Radfahrer in Fallrichtung lenkt, fährt er eine gekrümmte Bahn mit einem Radius, der klein genug ist, um eine so große Zentrifugalkraft zu erzeugen, daß er und das Fahrrad durch diese Kraft wieder ins Gleichgewicht gebracht werden. Ist er erst einmal in aufrechter Position, dreht er die Lenkstange herum, um wieder in die ursprüngliche Richtung zu kommen. Ohne dieses Manöver würde der Radfahrer samt dem Fahrrad normalerweise aufgrund des Gleiteffekts (siehe

Rätsel 14 dieses Kapitels) in die Fahrtrichtung des Vorderrads einschwenken. Daneben hat er die Möglichkeit, gegenzulenken. Um aus der unerwünschten Kurve herauszukommen, ist er in jedem Fall gezwungen, sich in eine Kurve zu legen, die zu der erwünschten entgegengesetzt gekrümmt ist. Auf diese Weise fährt er mit einer Reihe von Schlenkern fort, die bei hoher Geschwindigkeit fast verschwindend klein werden. Schließlich ist er bei genügend großer Geschwindigkeit in der Lage, mit so großem Krümmungsradius zu fahren, daß seine Bahn geradlinig wirkt, weil sich zu seinem Vorteil auswirkt, daß die Zentrifugalkraft $F_{\text{zentrif}} = mv^2/r$ mit dem Geschwindigkeitsquadrat, v^2, wächst und bei genügend großen Geschwindigkeiten Fahrer und Rad ausreichend stützt.

14 Wenn man um eine Ecke biegt, könnte die Krümmung der Strecke eine ausreichende Zentrifugalkraft hervorrufen, um einen aus der Kurve zu tragen. Um dem entgegenzuwirken, muß man sich in die Kurve lehnen, so daß die Resultierende aus dem Gewicht und der Zentrifugalkraft in der (Kipp-)ebene des Fahrrades liegt. Um die notwendige Schräglage zu bekommen, reißt man ganz unbewußt das Vorderrad in die Gegenrichtung zu der vorgesehenen Kurve herum. Durch die hiermit hervorgerufene Zentrifugalkraft wird man umgehend in die Richtung des gewünschten Kurvenverlaufs gekippt. Sobald man die erforderliche Schräglage eingenommen hat, zieht man mit dem Lenker nach und fährt bequem die Kurve. Um aus der Kurve herauszukommen, biegt man noch mehr in die Krümmung ein. Dadurch wird das Fahrrad in die Senkrechte gebracht. Sobald man wieder gerade sitzt, wird einfach das Vorderrad geradeausgelenkt, und schon folgt man wieder einem geraden Kurs.

Einen wichtigen Punkt haben wir bisher übersehen. Bei den heutigen Fahrrädern ist der Lenker nicht gerade, wie das noch bei dem „Rover" (Wanderrad)-Sicherheitsfahrrad der Fall war, das 1885 von Starley vorgestellt wurde, sondern nach vorne gebogen (Bild Seite 69, Teil a). Die Folge ist, daß der Berührungspunkt des Vorderreifens mit dem Erdboden hinter der Lenkachse liegt. Man stelle sich nun vor, daß das Fahrrad geneigt ist (Bild, Teil b). Die auf das Vorderrad wirkende Schwerkraft F greift im Mittelpunkt des Rades an und bleibt ständig vertikal ausgerichtet. Ist das Fahrrad geneigt, bildet F mit der Radebene einen Winkel, und wir können dann eine Zerlegung in folgende Komponenten vornehmen: $F_\parallel$, in der Radebene liegend, und $F_\perp$, senkrecht dazu. Läge nun der Mittelpunkt des Rades, O, auf der Lenkachse (d.h., wäre der Lenker gerade), könnte $F_\perp$ das Rad nicht um die Lenkachse drehen, da die Kraftarme Null wären und so das Drehmoment verschwinden würde. Bei der modernen Form trennt jedoch ein Abstand OA den Angriffspunkt der Kraft von der Lenkachse, die das Vorderrad dreht. $F_\perp$ entwickelt somit ein Drehmoment, das das Vorderrad in Neigungsrichtung dreht. Genau durch diesen Effekt wird es möglich, „freihändig" zu fahren, was darüber hinaus von der Geschwindigkeit unabhängig ist. Selbst wenn wir ein stehendes Fahrrad kippen würden, würde sich das Vorderrad ergebenst in Neigungsrichtung drehen.

Wir sehen, daß ein Rad durch eine vorteilhafte Form dem Fahrer „hilft", in eine Kurve zu gehen, sollte er versehentlich zu sehr zu einer Seite gekippt sein. Dies bringt uns jedoch plötzlich in ein Dilemma. Wenn es für das Vorderrad so leicht ist, sich in Neigungsrichtung zu drehen, was hält es dann davon ab, sich während der gesamten Fahrt zur Seite zu drehen? Einige Leute unterstellen, daß ein Fahrrad deswegen dazu neigt, geradeaus zu fahren, weil sein Schwerpunkt mit jeder Drehung aus seiner Ebene höher steigt. Messungen zeigen jedoch, daß der Schwerpunkt aller Fahrräder sich nach unten verlagert, sobald das Vorderrad aus der Ebene herausgedreht wird. Bedenken Sie, daß wir keine Kraft suchen, die das Vorderrad daran hindert, in Bezug auf die Straße seine Richtung zu ändern. Wir brauchen lediglich eine Kraft, die den Rest des Fahrrades davon abhält, einen allzugroßen Winkel mit dem Vorderrad zu bilden.

Die Gleitkräfte vollbringen genau das! Gleiter sind uns bekannt als jene Vorrichtungen, die Möbel und Einkaufswagen leichter rollen lassen. Das Prinzip, das dahintersteckt, ist sehr einfach. Ein schwer tragendes Rad rollt leicht in die Richtung, in die es zeigt. Es wird sich jedoch verklemmen, wenn man versucht, es seitlich zu schieben. Was man dagegen tun kann? Versetzen Sie einfach die Radachse leicht hinter die Schwenkachse. Die starke Kraft der Gleitreibung, senkrecht zur Radebene wird bald für eine Ausrichtung in Bewegungsrichtung sorgen. Ein ähnliches Phänomen tritt beim Fahrrad auf. Der Fahrer schwenkt mit dem übrigen Fahrrad hinter das Vorderrad, das die Richtung der Bewegung bestimmt. Dem Fahrradfahrer erscheint es jedoch so, als würde das Vorderrad eine ihm innewohnende Kraft wirken lassen.

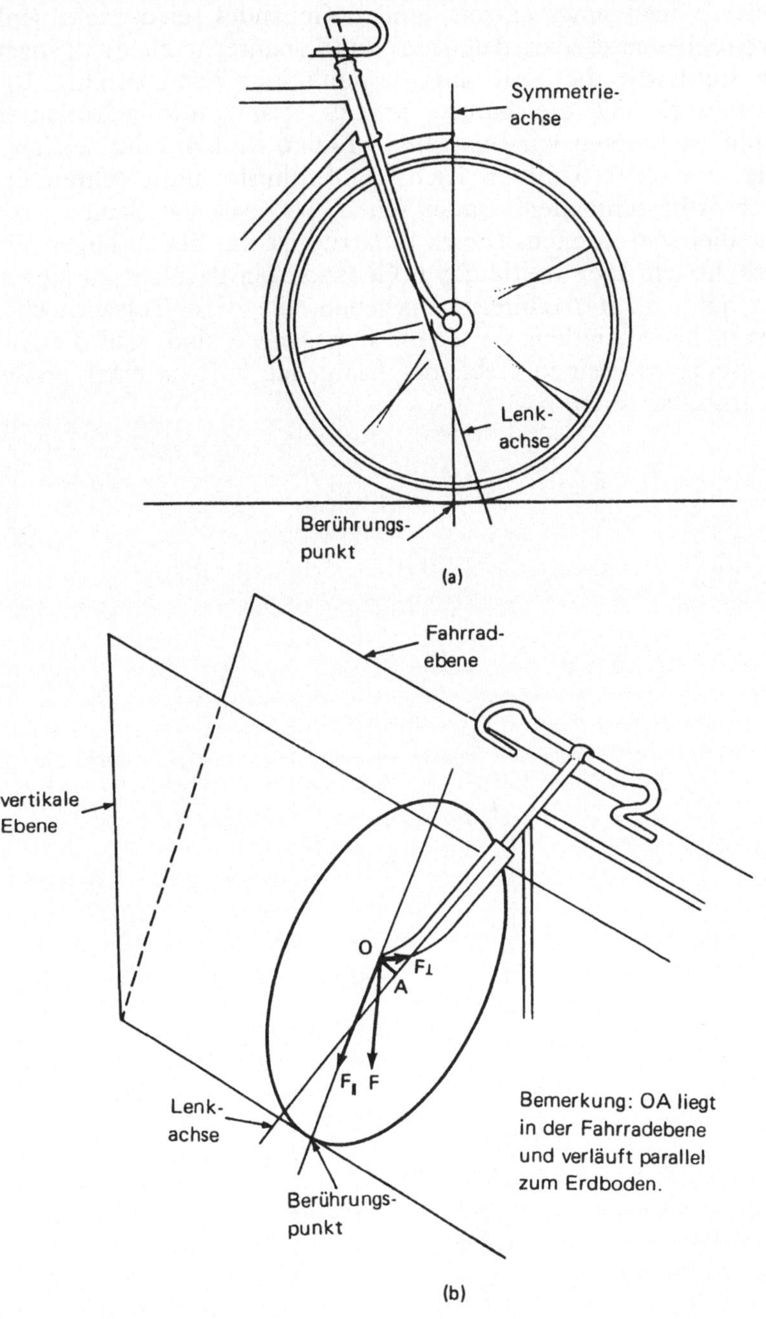

Symmetrie-
achse
Lenk-
achse
Berührungs-
punkt
(a)
Fahrrad-
ebene
vertikale
Ebene
O
F⊥
A
F∥
F
Lenk-
achse
Berührungs-
punkt
Bemerkung: OA liegt
in der Fahrradebene
und verläuft parallel
zum Erdboden.
(b)

15 Überraschenderweise, nein! Wenn man sagt, die Wände
oder Säulen eines extrem großen Gebäudes seien exakt senkrecht, bedeutet das, daß jede Wand senkrecht zu der Tangen-
te steht, die die Erde am Fußpunkt der Wand berührt. Dies
bedeutet, daß die Säulen jeweils strahlenförmig verlaufen.
Folglich können wir uns gerade Linien denken oder zeichnen,
die von jeder Säule in Richtung Erdmittelpunkt führen und
sich dort schneiden. Daran sehen wir, daß die Säulen nicht
parallel sein können. Dieser Umstand ist nur bei außergewöhn-
lich hohen oder weitläufigen Gebäuden in Betracht zu ziehen.
Es hat jedoch Architekten gegeben, die diese Tatsache übersehen haben, indem sie davon ausgegangen sind, daß die Aus-
maße eines kleinen Gebäudes haargenau auf die eines großen
übertragbar seien.

3
Gase

1 Pusten Sie kräftig und abrupt parallel zur Tischoberfläche, und der Groschen wird hineinhüpfen! Indem die Luft scharf über die Oberfläche des Groschens geblasen wird, vermindert sich nach dem Bernoulli-Prinzip der Druck an dieser Stelle. Die Folge ist, daß der Druckausgleich zwischen Ober- und Unterseite des Zehnpfennigstücks es vom Tisch abhebt und ermöglicht, daß es in die Tasse geblasen wird.

2 Große Segel sind genauso stark wie kleine. Das steht im Gegensatz zu dem allgemeinen Prinzip, daß Strukturen mit zunehmender Größe schwächer werden. In diesem Fall ist die Belastung (d.h. der Wind) proportional zu der Fläche des Segels, daher nimmt sie im Quadrat und nicht in dritter Potenz zu, wie das gewöhnlich der Fall ist, wenn der Druck in Form von Gewichtsdruck auftritt. Folglich ist der Druck je Flächeneinheit von der Segelfläche unabhängig. Aus dem gleichen Grund können große Regenschirme dem Wind genauso leicht widerstehen wie kleine.

3 Industrieschornsteine haben die Aufgabe, durch das seitliche Abgrenzen einer heißen Gassäule Zugkraft zu erzeugen. Ihrer hohen Temperatur gemäß sind die gasförmigen Verbrennungsprodukte von geringerer Dichte als die Luft im Außenraum des Schornsteines. Folglich sind die heißen Gase im Schornstein leichter als die Luft einer gleichhohen Säule in der Umgebung des Schornsteines und verursachen Druckunterschiede (Druck heißt Gewicht je Flächeneinheit), die die heißen Gase den Schornstein hinauftreiben. Der jeweilige Druckunterschied ist gleich dem Produkt aus der Schornsteinhöhe und der Differenz zwischen den spezifischen Gewichten des Gases bzw. der kühleren Luft; auf diese Weise berechnen wir den Zug. Wir sehen, daß ein höherer Schornstein eine stärkere Zugkraft entwickeln und die Verbrennungsprodukte daher zügiger vom Brennofen entfernen kann.

4 Würden Sie in der Schule gerade die Mechanik behandeln, wäre Ihre erste Reaktion auf diese Frage wahrscheinlich negativ. Immerhin sind nach dem dritten Newtonschen Gesetz „Aktion" und „Reaktion" gleichgroß, und darum würden sich die Kräfte ebenso aufheben wie bei dem Versuch, sich selbst an seinen Stiefelschlaufen anzuheben.

Diese Antwort ist jedoch falsch! Wir können ein Segelboot simulieren, indem wir einen Segler auf einer Luftkissenfahrbahn benutzen. Der Wind kann mit einem kleinen batteriebetriebenen Propeller, der auf den Segler montiert ist, erzeugt werden, so daß die Luft in das Segel geblasen wird. Wenn das Segel günstig gestaltet ist, wird das Boot leicht auf der Luftkissenfahrbahn segeln. Der Grund ist der, daß nicht der gesamte durch den Ventilator erzeugte Wind vom Segel aufgefangen wird. Dadurch ergibt sich ein auf den Segler wirkender Kraftanteil, der ihn entlang der Luftschiene vorantreibt.

5 Nach Newtons drittem Gesetz treten Kräfte immer paarweise auf. Deshalb muß, wenn die restliche Flüssigkeit auf das betrachtete Volumen eine nach oben treibende Kraft ausübt, letzteres auf den Rest der Flüssigkeit eine nach unten drückende Kraft ausüben, die seinem Gewicht entspricht. Also wird auf die darunterliegenden Schichten Druck ausgeübt. Eine ähnliche Begründung gilt natürlich für Luft.

6 Die kleinere Seifenblase wird die größere aufblasen, während sie in sich zusammenfällt. Im Fall zweier Luftballons wird dagegen der größere Luft in den kleineren drängen bis sie beide gleich groß sind.

Die Grundlage für dieses paradoxe Verhalten von Seifenblasen ist, daß der Druck innerhalb einer Blase mit deren zunehmender Größe abnimmt. Die Begründung, die nicht peinlich genau zu nehmen ist, lautet wie folgt: Betrachten Sie eine Seifenblase mit dem Radius R (siehe Schaubild Frage). Der nach außen gerichtete Druck in der Blase sei P, dann ist die Kraft, die von innen her die Blase auseinander zu treiben versucht, P mal die Blasenfläche $- 4\pi R^2$. Andererseits wirkt die Oberflächenspannung T, die darauf gerichtet ist, die Blase zusammenzudrücken, auf den Umfang $2\pi R$, was zu einer Gesamtwirkung der Kraft von $2\pi RT$ führt. Setzt man diese beiden Kräfte gleich, erhält man

$$4\pi R^2 P = 2\pi RT,$$

woraus sich

$$P \sim 1/R$$

ergibt, d.h., der Druck verhält sich zum Radius umgekehrt proportional.

7 Wenn ein Fallschirm niedergeht, streicht die Luft über den äußeren Rand des Tuchs und ruft turbulente Wirbel hervor. Diese werden abwechselnd von der einen oder anderen Seite abgegeben. Jeder Wirbel ist ein Bereich reduzierten Luftdrucks. Daraus ergibt sich, daß der Fallschirm zuerst auf der einen, dann auf der anderen Seite niedrigeren Druck erfährt und bis zu 60° zur Seite schwenken kann. Das Loch in der Mitte hat man deswegen eingearbeitet, um einem Teil der einfallenden Luft zu ermöglichen, entlang der Mittelachse oben aus dem Fallschirm auszuströmen und die Wirbel, die sich an der Oberseite bilden, aufzubrechen. Dies wiederum reduziert das für die Landung möglicherweise gefährliche Schwingen.

8 Ein Segelschlitten kann sich nur in Richtung seiner Kufen fortbewegen, genau wie sich ein Segelboot nur in Kielrichtung bewegt. Dadurch erhalten beide Bootstypen Stabilität gegenüber seitlichen Stößen des Windes. Der Segelschlitten kann

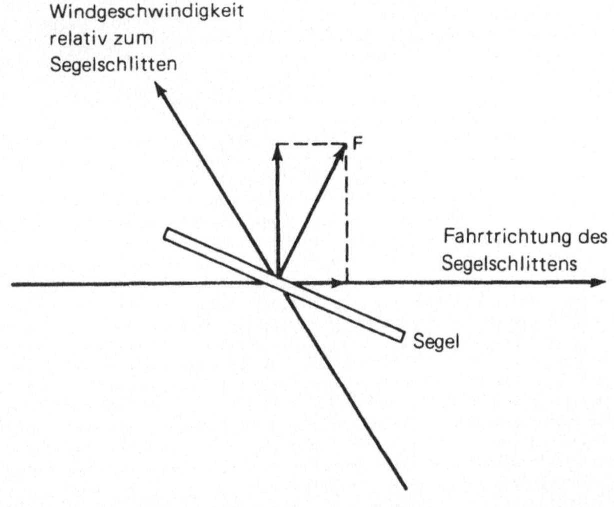

sich schneller fortbewegen als der in Fahrtrichtung blasende Wind, wenn die Windgeschwindigkeit relativ zum Schlitten eine rückwärtsgerichtete Komponente hat (Bild). Man kann dann das Segel so setzen, daß die darauf wirkende Kraft F den Segelschlitten vorwärtstreibt. Daher ist es für einen Segelschlitten möglich, sich schneller fortzubewegen als der Wind und nach wie vor von diesem angetrieben zu werden. Tatsächlich können Segelschlitten bis zu 2–3 mal schneller sein als der Wind.

9 Wir finden eine einfache experimentelle Lösung des Problems, wenn wir uns an die zwischen festen Grenzen ausgebreiteten Seifenfilme erinnern. Sie bilden stets Minimalflächen aus.

Wir konstruieren dafür eine Halterung, die aus zwei parallelen durchsichtigen Platten besteht, die durch vier Stifte an den Ecken eines Quadrats mit der Seitenlänge a, das in Plattenebene eingezeichnet ist, verbunden sind. Der Seifenfilm, der sich nach dem Herausziehen des Modells aus der Seifenbadlösung bildet, steht senkrecht zu den Platten, und seine Fläche ist die kleinstmögliche. Da die Filmbreite konstant ist, ist ebenfalls die Länge auf ein Minimum reduziert. Tatsächlich beträgt die Länge 2,73 a.

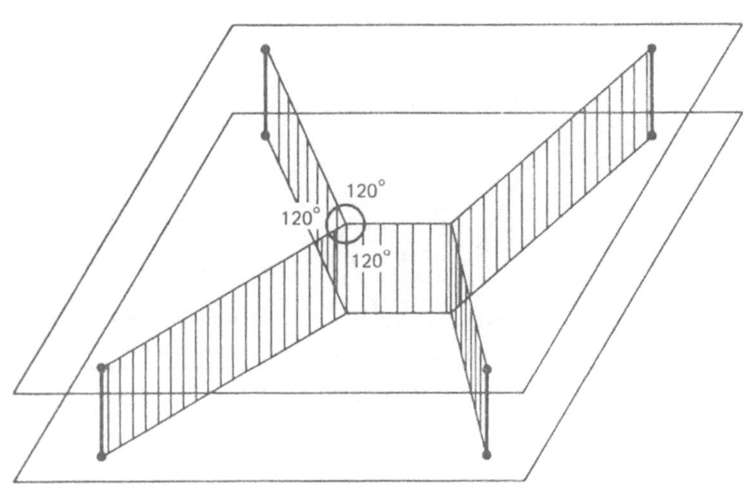

Wir können das Problem auch theoretisch lösen, und zwar, indem wir uns auf die Eigenschaften von ebenen Flächen aus Seifenfilm berufen, nämlich, daß an einer Kante eines Seifenfilmes nie mehr als drei Filmflächen zusammentreffen und daß zwischen diesen Flächen gleichgroße Winkel liegen, je 120°, weshalb alle Innenwinkel in der Abbildung 120° groß sein müssen. Andernfalls könnte die Flüssigkeitsoberfläche keine Minimalfläche sein.

10 Segelmacher schneiden das Segeltuch so zu, daß das Segel wie ein „Luftkissen" aussieht, wenn der Wind es ausbeult. Gemäß dem Bernoulli-Effekt streicht der Wind in ähnlicher Weise, wie es bei einem Flugzeugflügel der Fall ist, schneller über die nach außen gekrümmte Oberfläche des Segels, wodurch dort eine Druckverminderung entsteht. Die daraus resultierenden Druckunterschiede auf beiden Seiten des Segels steigern die Geschwindigkeit, die das Boot erzielen kann, erheblich. Um den Bernoulli-Effekt zu verstärken, bringt man vor dem Hauptsegel ein kleineres Segel, Klüver genannt, an. Wenn es günstig angeschlagen ist, lenkt es den Luftstrom über das Hauptsegel (Bild) und erhöht die Geschwindigkeit der Luftströmung.

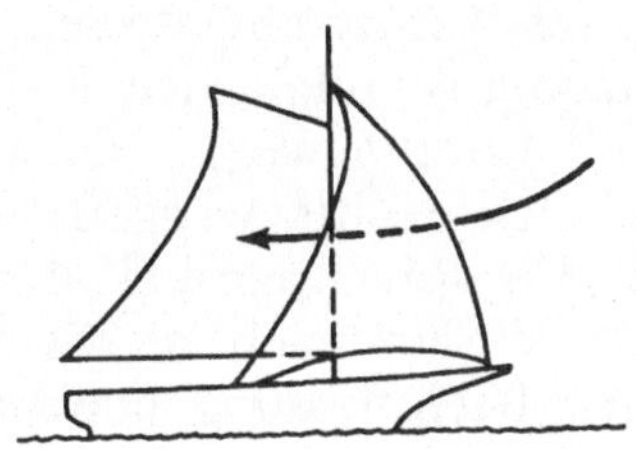

11 Große Regentropfen fallen schneller. Auf einen fallenden Tropfen wirken zwei entgegengesetzt gerichtete Kräfte: die Gravitationskraft $m \cdot g$ und der Luftwiderstand. Letzterer verhält sich proportional zum Tropfenquerschnitt und nimmt mit wachsender Geschwindigkeit des Tropfens zu. So ist der Bremseffekt des Luftwiderstandes anfänglich sehr gering, und der Tropfen fällt infolge der konstanten Gravitationskraft vorläufig beschleunigt. In dem Maße, in dem die Geschwindigkeit des Tropfens wächst, wächst auch der Luftwiderstand, und zwar so lange, bis Kräftegleichgewicht zwischen der Gravitationskraft und dem Luftwiderstand besteht. Danach ist die resultierende Kraft auf den Tropfen Null, und der Tropfen fällt mit konstanter Geschwindigkeit, Endgeschwindigkeit genannt.

Wenn wir die Tropfengröße steigern, wächst die Gravitationskraft proportional mit dem Volumen des Tropfens, d.h., mit der dritten Potenz des Radius. Andererseits vergrößert sich der Luftwiderstand in demselben Maße wie die maximale Querschnittsfläche des Tropfens, d.h., mit dem Quadrat des Radius. Darum nimmt mit größer werdendem Tropfenradius die Gravitationskraft schneller zu als der Luftwiderstand. Die Folge ist, daß der Tropfen eine höhere Endgeschwindigkeit erreichen kann, bevor der Luftwiderstand Konstanz der Fallgeschwindigkeit bewirkt.

12 Zur Beantwortung der Frage wollen wir das Schaubild zu Hilfe nehmen. Wir sehen zwei einander gegenüberliegende Querschnitte durch einen Rauchring. Im oberen Abschnitt bilden die Rauchpartikel einen Wirbel, der sich vom Bildbetrachter aus entgegen dem Uhrzeigersinn dreht; im unteren Abschnitt findet eine Drehung im Uhrzeigersinn statt. Der Einflußbereich eines Wirbels erstreckt sich bis zum gegenüberliegenden Wirbel und verursacht dessen Fortbewegung im Raum. Der obere Wirbel veranlaßt den Rauch im unteren Wirbel, sich nach rechts fortzubewegen. Daraus ergibt sich, daß der untere Wirbel nach rechts weggetrieben wird. Entsprechend verursachen die Rauchpartikel des unteren Wirbels, daß auch der obere Wirbel nach rechts fortgetrieben wird. Unter wechselseitiger Beeinflussung bewegen sich beide Wirbel mit gleicher Geschwindigkeit nach rechts. Da die beschriebene Wechselwirkung entsprechend für jedes Paar gegenüberliegender Wirbel in den Querschnitten des Rauchringes auftritt, ergibt sich eine Fortbewegung des gesamten Rauchringes nach rechts, die von seinen Wirbeln selbst erzeugt ist. Beachten Sie, wie merkwürdig sich das Verhalten der Wirbel darstellt, wenn man an das zweite Newtonsche Axiom denkt, nach dem eine Kraftwirkung eine Beschleunigung zur Folge hat. Im Fall der Wirbel verursacht die Einwirkung des einen Wirbels auf den anderen nicht eine Beschleunigung, aber eine Fortbewegung!

13 Zwei konzentrische Wirbelringe, die sich in die gleiche Richtung bewegen, ziehen sich gegenseitig an, genau wie zwei elektrische Stromschleifen dergleichen Stromrichtung. Die Wirbel des einen Rings treiben die des anderen dichter zusammen, wie man aus dem Schaubild leicht erkennen kann. Daher wird der Verfolgerring beschleunigt und der anführende Ring verlangsamt. Der schnellere Ring schrumpft (siehe Rätsel 17, Kapitel 4) und der langsamere dehnt sich aus, womit er dem schnelleren ermöglicht, ihn zu durchgleiten. Experimente zeigen, daß ein solches Durchgleiten am leichtesten auftritt, wenn der hintere Ring von Anfang an eine viel höhere Geschwindigkeit hat als der führende. Jedoch sind Mehrfachpassagen von Rauchringen selbst unter günstigsten Umständen sehr unwahrscheinlich.

14 Der Trugschluß ist in der hier benutzten Voraussetzung begründet, daß Moleküle ungehindert beschleunigt werden könnten; sie stoßen stattdessen aneinander und ändern vielfach ihre Richtung. Man bedenke auch, daß Moleküle, hätten sie auf dem Grund eine höhere Geschwindigkeit als oben, wärmer wären. Das steht der Beobachtung entgegen, daß Gas an der Decke gewöhnlich ein bißchen wärmer ist, weil in diesem Bereich die schnelleren Moleküle eintreffen. Daß der Bodendruck größer ist als der Druck in höher gelegenen Schichten, beruht darauf, daß die Dichte umso mehr zunimmt, je mehr man sich dem Boden nähert, und damit auch die Anzahl der Stöße von Molekülen je Flächeneinheit wächst.

4
Flüssigkeiten

1 Der Schlüssel zur Erklärung ist der, daß Paraffin durch Wasser nicht benetzt wird. Das Wasser verhält sich, als hätte es eine dünne Haut, die nach unten durch die Siebmaschen durchhängt. Die Festigkeit dieser Oberfläche ist es, die das Wasser daran hindert, hindurchzutropfen. Noch überraschender ist, daß das Wachssieb schwimmen kann! Auf demselben Grundprinzip beruht der Erfolg des Teerens von Fässern und Booten.

2 Stellen Sie sich vor, daß der Tee in der Tasse theoretisch in eine große Anzahl winziger Flüssigkeitspartikel unterteilt werden kann. Wenn der Tee umgerührt wird, ist jedes Partikel gezwungen, sich im Kreis um die Rotationsachse, die durch den Mittelpunkt der Tasse geht, zu drehen. Solange die Kreisbewegung aufrechterhalten bleibt, muß auf jedes Partikel eine Zentripetalkraft vom Betrage $mr\omega^2$ einwirken, wobei ω die Winkelgeschwindigkeit der Drehung und r der Abstand von der Rotationsachse ist. Man sieht, daß die Flüssigkeitsteilchen, die vom Mittelpunkt weiter entfernt sind, eine stärkere Zentripetalkraft erfahren. Um eine solche Kraft hervorzurufen, muß der Druck in der Flüssigkeit mit dem Abstand von der Rotationsachse zunehmen. In den unteren Schichten werden jedoch die Teilchen der Flüssigkeit durch die Reibung am Boden der Tasse daran gehindert, so schnell zu kreisen, wie sie es weiter oben tun. Daraus ergibt sich, daß der Druckunterschied in der unteren Schicht größer ist als für die langsameren Flüssigkeitspartikel notwendig, um sich im Kreis zu bewegen; somit werden sie gezwungen, sich zur Mitte hin zu bewegen, wobei sie die Teeblätter mit sich ziehen. Diese zur Mitte fließenden Flüssigkeitsportionen werden ersetzt durch die Ausbildung einer Abwärtsbewegung entlang der Tassenwand in Zusammenwirkung mit einer aufsteigenden Flüssigkeitssäule in der Tassenmitte (Bild).

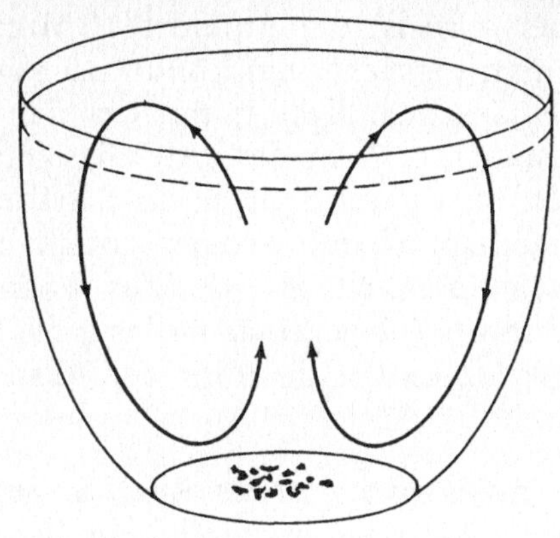

3 Auf das untergetauchte Gewicht wirkt der Auftrieb, der ebensogroß ist wie das Gewicht des Wassers, das durch das Eintauchen verdrängt wurde. Dieses Gewicht des Wassers wollen wir w nennen. Man kann versucht sein zu sagen, daß zur Wiederherstellung des Gleichgewichts der Schale mit dem Ständer ein Gewicht w hinzugesetzt werden müsse. Nach dem dritten Newtonschen Axiom jedoch ist die Kraft, mit der das Wasser in dem Behälter auf das eingetauchte Gewicht wirkt, genau gleich der Kraft, mit der das Gewicht auf das Wasser in entgegengesetzter Richtung wirkt. Darum nimmt das Gewicht der Schale mit dem Behälter in dem Maße zu, in dem das Gewicht der Schale mit dem Ständer abnimmt. Um die Balance wiederherzustellen, muß deshalb ein Gewicht gleich $2w$ auf die Schale mit dem Ständer gestellt werden.

4 Es gibt einen grundlegenden Unterschied zwischen Meereswellen und Flußwellen. Im Meer wandert die Wellen*form* über die Oberfläche, das Wasser selbst aber bleibt an derselben Stelle. Wasserteilchen bewegen sich generell in stationären, senkrecht angeordneten Kreisen. In einem Fluß jedoch bleibt die Wellenform am gleichen Ort, während immer neues Wasser durch sie hindurchfließt. Man kann das in jedem kleinen Fluß und in jedem Strom, wo das Wasser über Steine und um Pfeiler und Pfosten fließt, beobachten.

5 Eine Tonne („Won ton“)

6 Überraschenderweise ist die Antwort 10 Minuten und nicht 5 Minuten wie man versucht sein könnte zu sagen. Der Grund ist der, daß die Geschwindigkeit, mit der das Wasser herausläuft, nicht konstant ist. Wenn das erste Glas gefüllt ist, braucht das zweite länger, bis es voll ist, weil im Behälter weniger Wasser ist, das dementsprechend weniger Druck auf den Boden ausübt. Die Geschwindigkeit, mit der das Wasser den Behälter verläßt, ist durch $v = \sqrt{2gh}$ gegeben, wobei g die Beschleunigung der Gravitationskraft und h die Höhe der Wassersäule über der Öffnung ist.

7 Die Bootsgeschwindigkeit ist als *Resultierende* aufzufassen, nicht als *Komponente*, wie irrtümlich in der ursprünglichen „Lösung" angenommen wurde. Konsequenterweise ist die Geschwindigkeit v, mit der das Seil eingeholt wird, eine Komponente. Da jeder beliebige Vektor in einer Ebene in zwei zueinander senkrechte Komponenten zerlegt werden kann, erhalten wir das unten gezeigte Schaubild. Also gilt $v_{\text{Boot}} = v/\cos\alpha$.

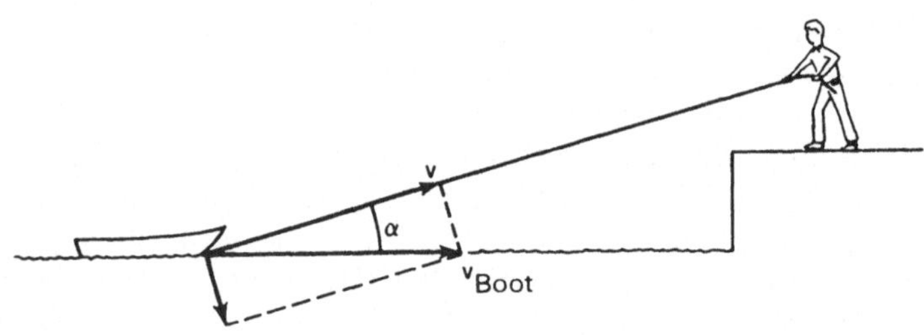

8 In der beschriebenen Situation kann man unmöglich erreichen, daß der Korken in der Mitte schwimmt. Er wird stets vom Mittelpunkt wegtreiben und am Rand des Glases hängenbleiben. Der Grund ist, daß bei einem nicht ganz vollen Glas die Oberfläche vermindert wird, wenn sich das Objekt zum Rand hinbewegt. Folglich arbeitet die Oberflächenspannung derart, daß sie das Objekt an den Rand treibt und es dort hält.

Die Lösung des Problems besteht darin, das Glas über den Rand hinaus zu füllen. Dann wird der Korken jederzeit in der Mitte schwimmen. In diesem Fall bewirkt die Bewegung eines

Objekts zum Rand eine Ausdehnung der Wassermengen an der Oberfläche. Die Oberflächenspannung wirkt dieser Ausdehnung entgegen und treibt das Objekt zum Glasmittelpunkt zurück (Bild).

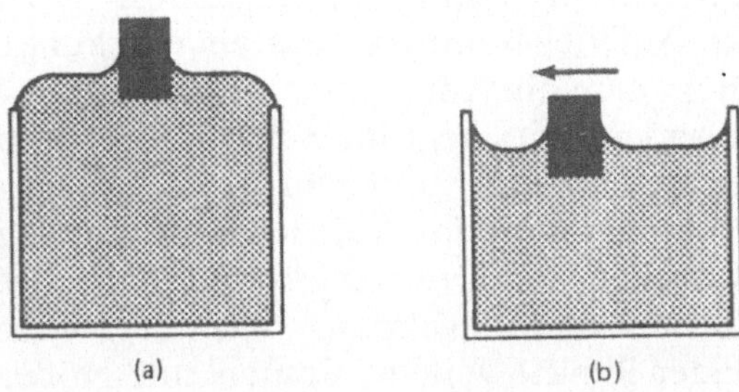

9 Die Streichhölzer *werden* gezogen. Das Reinigungsmittel schwächt die Oberflächenspannung zwischen ihnen. Die Oberflächenspannung außen herum ist dann größer und reißt die Streichhölzer auseinander.

10 Noch immer auf dem Boden des Eimers! Der Eimer, das Wasser und der Korken fallen im Gravitationsfeld der Erde mit genau derselben Beschleunigung g (unter Vernachlässigung des Luftwiderstandes). Da sie alle gleichzeitig fallen, ändern sie während des Fallens ihre Lagebeziehungen nicht.

11 Der Stein im Boot schwimmt auch mit ihm und verdrängt daher nach dem Archimedischen Prinzip die Wassermenge, deren Gewicht dem seinen gleichkommt. Da der Stein eine größere Dichte hat als Wasser, ist das verdrängte Volumen des Wassers größer als das Volumen des Steins. Befindet sich der Stein jedoch auf dem Grund des Beckens, kann er nur so viel Wasser verdrängen, wie sein eigenes Volumen beträgt. Also verdrängt der Stein, nachdem man ihn ins Becken geworfen hat, weniger Wasser, so daß der Wasserspiegel im Becken fallen muß.

12 Finger und andere Körperteile sind mit einer dünnen Schicht körpereigener Fette bedeckt. Sobald man Bier Fettbestandteile zusetzt, ändert sich dessen Oberflächenspannung, und die Blasen beginnen, in sich zusammenzufallen.

13 Ein Grund ist, daß bei Frauen ein höherer Prozentsatz der Körpermasse aus Fett besteht als bei Männern, nämlich ungefähr 25 %, während bei Männern nur 15 % der Körpermasse Fett ist. Fett ist leichter als Wasser. Folglich ist die äußere Dichte des weiblichen Körpers geringer als die des männlichen.

Es spielt jedoch noch ein anderer Faktor eine Rolle. Männer sind an den Schultern voluminöser als anderswo. Daraus ergibt sich, daß ihr Auftriebszentrum (das als der Punkt betrachtet werden kann, in dem die Auftriebskraft angreift) in der Lungenregion liegt. Andererseits liegt ihr Schwerpunkt infolge des Gewichtes ihrer Beine weiter unten in der Beckengegend (Bild). Bei Frauen befindet sich das Auftriebszentrum wegen des ausgeprägteren Beckens und der stärkeren Oberschenkel in der Beckengegend und der Schwerpunkt ein wenig höher. Die relative Lage beider Punkte verleiht Frauen eine größere Stabilität während des Treibens auf dem Wasser.

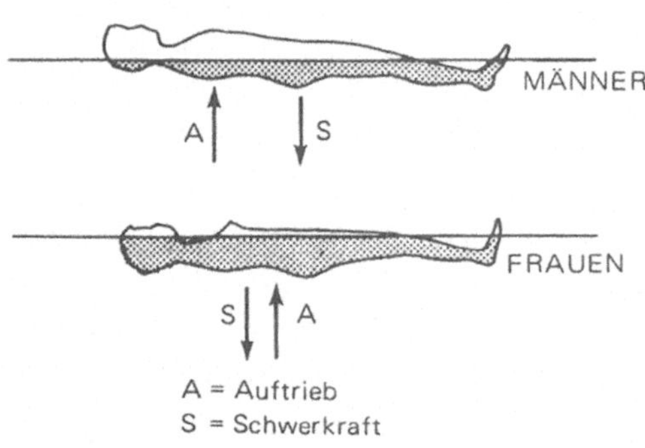

14 Paradoxerweise neigen Blasen bei geringerer Oberflächenspannung der Flüssigkeit zu größerer Haltbarkeit. Klares Wasser hat zum Beispiel eine höhere Oberflächenspannung als Wasser, in dem ein Reinigungsmittel, z.B. Seife, gelöst ist, und man weiß ja, daß es unmöglich ist, Blasen, die länger halten, mit klarem Wasser herzustellen. Man kann den Grund leicht einsehen. Eine Blase ist eine Kugel aus Luft, die ringsherum von einer dünnen Wasserschicht eingeschlossen ist. Bei starker Oberflächenspannung, wie sie bei reinem Wasser auftritt, zieht die äußere Wasserschicht verhältnismäßig kräftig nach innen und drückt die innen befindliche Luft zusammen. Der zusammengedrückten Luft gelingt es dann, an einer zu schwachen Stelle durch den Film nach außen zu brechen und die Blase zerplatzen zu lassen. Bei schwacher Oberflächenspannung jedoch läßt sich der Oberflächenfilm durch den Druck der eingeschlossenen Luft viel leichter ausdehnen. Die Luft neigt weniger dazu, durchzubrechen, und deshalb sind die Blasen i. a. länger haltbar.

15 Wenn man das Wasser hineinläßt, wird beim Auffüllen der ersten Schleife ein Teil auf den Boden der zweiten Schleife fallen, so daß sich im oberen Abschnitt der ersten Schleife eine Luftblase bildet. Läßt man das Wasser weiter laufen, können sich mehrere Luftblasen oben in den Schleifen bilden, bis der Wasserdruck in den aufsteigenden Schlauchabschnitten nicht mehr ausreicht, Wasser durch die Luftblasen hindurchzudrücken. Von diesem Moment an nimmt der Schlauch kein Wasser mehr auf. Die Existenz der Luftblasen erklärt zugleich, daß am anderen Ende kein Wasser herauskommt.

16 Benutzen Sie einen der zusätzlichen hohlen Rührstäbe, um an einem beliebigen Berührungspunkt von A und B Luft in Glas A zu blasen. Ein Teil der Luft dringt zwischen den Rändern der Gläser A und B in das Wasser ein und beginnt nach oben (an den Boden von Glas A) zu sprudeln, wobei sie genügend Druck ausübt, um das Wasser aus Glas A hinauszudrängen, und zwar hinunter an den Seiten von Glas B hinein in Glas C. Dies kann solange fortgesetzt werden bis das Wasser gänzlich von Glas A in Glas C geflossen ist.

17 Bekannt ist, daß die Geschwindigkeit, mit der sich ein Wirbelring als Ganzes fortbewegt, hauptsächlich durch die Drehgeschwindigkeit der Partikel seiner Wirbel in der Zone der gegenseitigen Beeinflussung bestimmt ist (siehe Rätsel 13, Kapitel 3). Dabei verhalten sich die Drehgeschwindigkeiten der Flüssigkeitspartikel außerhalb des Wirbelkerns umgekehrt proportional zu ihren Entfernungen vom Mittelpunkt des Wirbels, $v = K/r$, mit K als einer Konstanten. Die beiden diametral entgegengesetzten Wirbelringe sind durch einen Abstand gleich dem Ringdurchmesser voneinander getrennt. Deshalb ergibt sich für die Geschwindigkeit der mit dem Abstand D um einen Wirbelmittelpunkt zirkulierenden Flüssigkeitspartikel am Ort des diametral gelegenen Wirbels: $v = K/D$, die Größe, die gleichzeitig näherungsweise die Gesamtgeschwindigkeit des Ringes

ausmacht. Dieses Ergebnis zeigt, daß bei Vergrößerung eines Wirbelrings die Geschwindigkeit, mit der er als Ganzes fortschreitet, in umgekehrtem Verhältnis zum Durchmesser abnimmt. Das heißt mit anderen Worten, je größer der Ring, desto langsamer zieht er durch die Flüssigkeit.

Wir können dasselbe Problem unter dem Aspekt der Energie betrachten. Jeder Wirbelachse ist aufgrund der Bewegung der rotierenden Flüssigkeit pro Längeneinheit eine gewisse kinetische Energie zugeordnet. Wenn die Wirbelachse wie hier kreisförmig ist, so daß ein „Wirbelring" vorliegt, ist die im Ring gespeicherte Energie proportional zum Umfang oder Durchmesser D. Dem in der Aufgabenstellung genannten Salzwasserring wird durch die nach unten gerichtete Gravitationskraft eine zusätzliche Energie übertragen. Der Wirbel vergrößert seinen Durchmesser, um Energie zu speichern, und wird dadurch langsamer.

Es gibt noch eine einfachere physikalische Betrachtungsweise, die uns hilft, die Ausdehnung eines Wirbelrings zu verstehen (Bild). Wenn eine Kraft senkrecht auf die Ringebene gerichtet ist, schiebt sie die Achsen der beiden gegenüberliegenden Wirbel (in Querschnitten dargestellt) nach außen, aus den Gebieten der mit der Gewichtskraft gleichgerichteten in die Gebiete der durch die Gewichtskraft verminderten Geschwindigkeit. Das zeigt, warum unter diesen Bedingungen der Ringdurchmesser zunimmt.

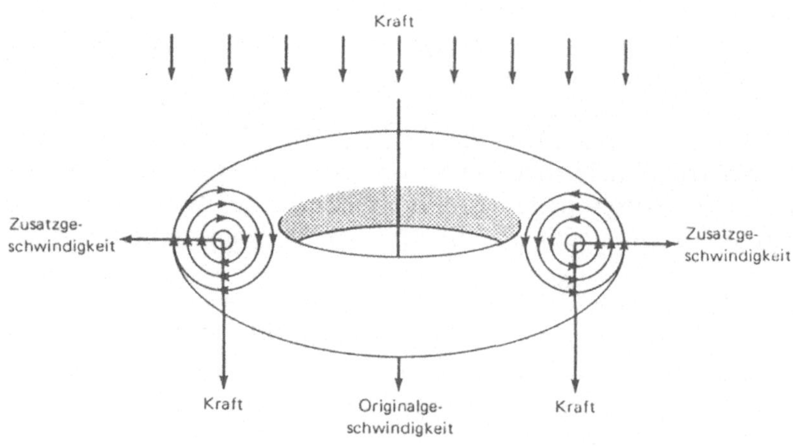

18 Bei der folgenden Überlegung gehen wir von einer idealen Flüssigkeit aus, d.h., von einer Flüssigkeit, in der die innere Reibung vernachlässigt werden kann und die inkompressibel ist. Bei der Strömung einer idealen Flüssigkeit durch den Saugheber gilt die auf dem Energiesatz beruhende Bernoulli-Gleichung

$$p + 1/2\,\rho v^2 + \rho gh = \text{konstant}. \tag{4-1}$$

Dadurch wird die Energieerhaltung auf dem Weg durch die Röhre ausgedrückt.

Wir nehmen weiter an, daß die Flüssigkeit aus einem Behälter angesaugt wird, dessen Querschnittsfläche im Vergleich zum Querschnitt der Saugheberröhre groß ist. Dadurch ist sichergestellt, daß sich der Flüssigkeitsspiegel im Behälter sehr langsam senkt, und zwar mit einer Effektivgeschwindigkeit von Null, während die Flüssigkeit in die Röhre des Saughebers steigt.

Bei konstantem Röhrenquerschnitt bleibt die Fließgeschwindigkeit v auf dem Weg durch die Röhre konstant. Das folgt aus der Konstanz der pro Zeiteinheit beförderten Masse: vorausgesetzt, es existieren keine undichten Stellen, muß die Masse der Flüssigkeit während des Durchquerens eines jeden Röhrenabschnitts, bezogen auf eine Zeiteinheit, gleich sein, $\rho Av =$ konstant. Da in unserem Fall ρ und A konstant sind, ist auch v konstant.

Wir wollen jetzt die Gleichung (4-1) auf Punkt B anwenden (Bild). An der Flüssigkeitsoberfläche in dem Behälter vereinfacht sich die Gleichung (4-1) zu $p_0 + \rho gh =$ konstant, da $v = 0$. Auf gleichem Niveau innerhalb der Saugheberröhre gilt, Gleichung (4-1) entsprechend, $p_B + 1/2\,\rho v^2\,\rho gh =$ konstant. Setzen wir diese beiden Ausdrücke gleich, erhalten wir

$$p_0 = p_B + 1/2\,\rho v^2. \tag{4-2}$$

Am Punkt F liefert Gleichung (4-1): $p_F + 1/2\,\rho v^2 =$ konstant. Setzen wir dieses mit dem für B geltenden Ausdruck gleich, erhalten wir

$$p_B + 1/2\,\rho v^2 + \rho gh = p_F + 1/2\,\rho v^2. \tag{4-3}$$

Am Punkt F ist die Röhre jedoch offen und die Flüssigkeit dem atmosphärischem Luftdruck ausgesetzt, deshalb ist $p_F = p_0$. Setzen wir (4-2) in (4-3) ein, erhalten wir $v^2 = 2gh$, d.h., die Flüssigkeit kommt bei F mit dergleichen Geschwindigkeit heraus, mit der sie über eine Distanz h fallen würde.

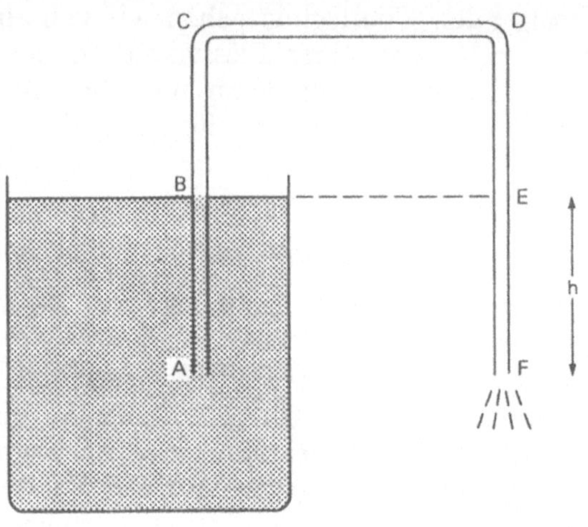

Man muß bedenken, daß der Druck an jedem beliebigen Punkt innerhalb der Saugheberröhre, mit Ausnahme von Punkt F, überall unter dem atmosphärischen Druck liegt. So z.B. am Punkt B gemäß (4-2), $p_B = p_0 - 1/2\,\rho v^2$. Im allgemeinen beträgt der eigentliche Druck, d.h., die Druckdifferenz zwischen dem tatsächlichen Druck und p_0 für jeden beliebigen Punkt $\rho g h - 1/2\,\rho v^2$. Dieser Ausdruck läßt sich unmittelbar mit dem Wert vergleichen, der in den Erklärungen angeführt wird, die die Bewegung der Flüssigkeit außer Acht lassen, nämlich mit $\rho g h$.

Wir können nun leicht erkennen, was den Fluß durch die Saugheberröhre aufrechterhält. Der Druck im Behälter auf waagerechter Ebene bei A beträgt $p_0 + \rho g h$, da die Flüssigkeit so langsam sinkt, daß man sie als ruhend bezeichnen kann. Andererseits ist der Druck direkt in der Röhrenöffnung bei Punkt A: $p_0 + \rho g h - 1/2\,\rho v^2$, wie im vorangegangenen Absatz behandelt. Somit fällt der Druck an der Röhrenöffnung gemäß $(p_0 + \rho g h) - (p_0 + \rho g h - 1/2\,\rho v^2) = 1/2\,\rho v^2$, und genau das ist der Grund, warum der Saugheber funktioniert.

Bleibt anzumerken, daß dieser Druckabfall mit Statik-Theorien nicht erklärt werden kann, da er durch die Bewegung der Flüssigkeit entsteht.

Darüber hinaus ist der Druckabfall nicht abhängig vom atmosphärischen Druck p_0, da letzterer sich bei der Subtraktion aufhebt. Drittens ist die Geschwindigkeit, mit der die Flüssigkeit durch die Röhre läuft, durch $v = (2gh)^{1/2}$ gegeben. Dementsprechend wird der Saugheber aufhören zu arbeiten, wenn der Niveauunterschied h gleich Null ist.

19 Diese Frage *kann* durch eine Statik-Theorie beantwortet werden. Gehen wir davon aus, daß die Flüssigkeit durch das Ansaugen zum Punkt F heruntergebracht wird (siehe Schaubild der vorangegangenen Antwort). Beim Öffnen der Röhre am Punkt F ist der dortige Druck im Moment größer als der atmosphärische, bedingt durch den zusätzlichen hydrostatischen Druck der Flüssigkeitssäule oberhalb von F. Anschließend beginnt die Flüssigkeit mit zunehmender Geschwindigkeit aus der Röhre zu fließen, bis der Druck am Punkt F gleich p_0 ist. Sodann ist die Geschwindigkeit $(2gh)^{1/2}$ und nimmt derart ab, wie der Niveauunterschied h geringer wird.

20 Das Problem besteht darin, daß die meisten Flüssigkeiten gelöste Luft, Fremdstoffe und winzige Luftblasen enthalten. Wenn der Druck an einem beliebigen Punkt soweit fällt, daß er unter dem Dampfdruck der betreffenden Flüssigkeit liegt, bilden sich Gasblasen und zerreißen die Flüssigkeitssäulen, so daß der Saugheber nicht mehr funktionieren kann. Innere Reibung und der Verlust an statischem Druck durch Verminderung der Säulenhöhe h verursachen einen Druckabfall in der Flüssigkeit. Die Rolle, die der atmosphärische Druck dabei spielt, besteht darin, die Flüssigkeitssäule zusammenzudrücken, wodurch die Unterbrechung ihrer Kontinuität erschwert wird. Existiert jedoch kein gelöstes Gas in der Flüssigkeit oder an den Röhrenwänden, spielt der atmosphärische Druck kaum eine Rolle, so daß das jeweils erreichte Niveau im Steigrohr wesentlich höher liegt als die üblichen 32 Fuß (9,6 m) bei Wasser. Gelöstes Gas kann entfernt werden, indem man die Flüssigkeit mehrmals aufkocht oder hohem Druck aussetzt.

5
Lebendige Welt

1 Es ist viel wahrscheinlicher, sich die Knöchel zu brechen. Sie müssen beim Auftreffen einer Kompressionskraft standhalten, die das Produkt aus fast der gesamten Masse unseres Körpers und der Bremsbeschleunigung ist. Das Genick hat nur eine Kraft auszuhalten, die etwa so groß wie das Produkt aus der Masse unseres Kopfes und der Bremsbeschleunigung ist. Ein anderer Grund, aus dem die Knöchel so verletzbar sind, ist der, daß jedes der beiden Schienbeine kurz über dem Knöchel eine Querschnittsfläche von nur 0,5 in^2 (= 1,27 cm^2) hat. Folglich könnte die Kraft pro Flächeneinheit am Knöchel sehr groß werden. Sie übersteigt möglicherweise sogar die Kompressionsfähigkeit des Knochens. Um die Wahrscheinlichkeit einer Fraktur so gering wie möglich zu halten, muß man die Geschwindigkeit beim Landen so langsam wie möglich verringern. Fallschirmspringer lernen, den Erdboden zuerst mit den Zehen zu berühren und das Einknicken des Knöchelgelenks zu benutzen, den Prozeß der Geschwindigkeitsminderung einzuleiten. Dann werden die Knie gebeugt und der Körper zur Seite gedreht, so daß der Springer nacheinander auf Unterschenkel, dann Oberschenkel und Brustkasten fällt.

2 Schweine haben keine Schweißdrüsen, so daß sie sich durch Schweißausdünstung nicht abkühlen können. Jedoch können sie durch Berührung mit etwas Kaltem oder durch Benetzung ihrer Haut mit Feuchtigkeit Wärme abgeben. Schlamm eignet sich in beiderlei Hinsicht gewiß ausgezeichnet.

3 Der afrikanische Elefant ist das größte auf dem Land lebende Säugetier der Erde. Daher hat er im Vergleich zu seinem Gewicht weniger Oberfläche als kleinere Tiere. Da er aber in heißem Klima lebt, braucht er eine große Oberfläche, um sich der zusätzlichen Wärme im Körper durch Abstrahlung und Ausdünstung zu entledigen. Seine großen Ohren dienen diesem Zweck in großartiger Weise und tragen darüber hinaus dazu bei, potentielle Angreifer abzuschrecken.

4 Unmittelbar nach dem Baden trägt man als Mensch einen Wasserfilm von etwa einem Fünfzigstel Inch (= 0,05 cm) Stärke, der grob gerechnet ein Pfund wiegt. Eine nasse Maus muß ungefähr ihr eigenes Gewicht an Wasser tragen. Eine Fliege muß, wenn sie naß ist, ein Vielfaches ihres Eigengewichts emporheben, und ist sie erst einmal mit Wasser benetzt, befindet sie sich in großer Gefahr, in diesem Zustand zu ertrinken. Entscheidend für diese Unterschiede ist der Quotient aus Oberfläche und Volumen, der bei sehr kleinen Tieren sehr groß und bei großen Tieren sehr klein ist.

5 Bei kleinen Tieren ist die Körperoberfläche im Verhältnis zum Körperumfang größer. Wenn man die Körperlänge als Einheit wählt und die anderen linearen Körperabmessungen in dieser Einheit ausdrückt, ergibt sich: Die Oberfläche eines Tieres ist proportional zum Quadrat seiner Körperlänge, dagegen das Körpervolumen zur dritten Potenz der Körperlänge. Folglich ändert sich das Oberfläche-Volumen-Verhältnis wie der Kehrwert der Längenausdehnung, der für kleine Tiere größer ist als für große. Nun findet der Wärmeabbau bei Tieren hauptsächlich durch ihre Oberfläche statt, so daß er mit der Größe der Oberfläche variiert; die Wärmeproduktion jedoch erfolgt in den einzelnen Körperzellen und verhält sich daher proportional zum Körpervolumen. Daran sehen wir, daß kleine Tiere im Vergleich zu ihrer Produktionskapazität verhältnismäßig mehr Wärme verlieren, für die sie durch das Aufnehmen größerer Nahrungsmengen Ersatz leisten müssen.

6 Der Schwanz einer ausgewachsenen Katze müßte im Verhältnis viel dicker sein als der einer jungen Katze, damit er in senkrechter Stellung stabil im Gleichgewicht gehalten werden könnte. Aus demgleichen Grunde erscheinen große, alte Bäume im Vergleich zu schlanken, wohlproportionierten jungen Bäumen recht gedrungen und verkrüppelt. Die Kraft, durch deren Einwirkung sich ein Schwanz oder ein Baum unter ihrem eigenen Gewicht krümmen, verändert sich in beiden Fällen im groben wie die dritte Potenz ihrer Länge, während der dem Krümmen entgegenzusetzende Widerstand nur in dem Maße

wächst wie der Querschnitt bzw. das Quadrat der Längenausdehnung. Wenn man beispielsweise zwei Säulen nimmt, deren Längenverhältnisse identisch sind, wird die höhere mit größerer Wahrscheinlichkeit nachgeben und deshalb erheblich verdickt werden müssen, damit sie stabil wird.

7 Der Oberarm befindet sich genau in Herzhöhe. Deshalb ist der Blutdruck in der Oberarmarterie praktisch gleich dem Druck, der von der linken Herzkammer während der Kontraktion ausgeübt wird. Würde der Blutdruck anderswo, sagen wir am Knöchel, gemessen, erhielte man als Ablesung die Summe aus dem Druck, den die Herzkammerkontraktion verursacht, und dem hydrostatischen Druck der Blutsäule, die vom Knöchel bis zum Herzen reicht. Dieser Wert würde sich in Abhängigkeit von der Personengröße ändern und es damit unmöglich machen, Blutdruckablesungen mit ihren Idealwerten zu vergleichen.

8 Die Bilder-Folge enthält Zeichnungen, die nach einer Filmvorlage angefertigt wurden und acht Positionen einer Katze während des Herabfallens in Abständen von grob gesagt jeweils 1/20 Sekunde zeigen. Da keine äußeren Drehmomente auf die Katze wirken, muß ihr Eigendrehmoment während des freien Falls konstant sein. Es muß in der Tat Null sein, wenn man die Katze einfach fallen läßt, ohne sie dabei in eine Drehung zu versetzen. Wir wollen uns jetzt die Katze als aus zwei Hälften bestehend vorstellen — der vorderen und der hinteren Hälfte. Wie wir im Bild sehen können, richtet sich die vordere Hälfte zuerst auf. Die Katze leitet diesen Vorgang ein, indem sie die Vorderpfoten einzieht. Dadurch wird das Trägheitsmoment der vorderen Hälfte bezüglich der Körperachse verringert. Gleichzeitig werden die hinteren Gliedmaßen ausgestreckt, woraus sich ergibt, daß das Trägheitsmoment der hinteren Hälfte größer wird. Sodann dreht die Katze ihre vordere Hälfte. Da das Drehmoment insgesamt Null bleiben muß, muß sich die hintere Hälfte in entgegengesetzter Richtung drehen. Da jedoch deren Trägheitsmoment größer ist, kann sie sich nicht so weit wie die vordere Hälfte drehen. Demgemäß vollbringt die Katze eine Eigendrehung in Richtung der vollzogenen Drehung ihrer Vorderhälfte.

Ist die vordere Hälfte aufgerichtet, werden die Hinterläufe herumgeschwenkt. Im Gegensatz zum ersten Stadium werden die vorderen Gliedmaßen jetzt ausgestreckt, so daß das Trägheitsmoment der Vorderhälfte größer wird. Dadurch wird verhindert, daß sich deren Richtung zu stark verändert. Die hinteren Glieder werden eingezogen, und die hintere Hälfte wird in die gleiche Richtung gedreht wie die Vorderhälfte während des ersten Entwicklungsstadiums. Letztere dreht sich nun in gewisser Weise in entgegengesetzter Richtung, nicht jedoch in dem Maße wie das Hinterteil. So wird eine zusätzliche Eigendrehung erreicht, und die Katze landet auf den Pfoten.

Das zweite Stadium wird gewöhnlich von einem lebhaften Kreisen des Schwanzes begleitet, aber auch schwanzlose Katzen besitzen die Fähigkeit.

9 Betrachten Sie einen Seiltänzer, der seine Balancierstange zu Anfang waagerecht hält. Nehmen Sie an, er verliert das Gleichgewicht und ist im Begriff, umzukippen. Sobald er dies spürt, kann er sein Gleichgewicht wiederherstellen, indem er die Stange nach unten schwenkt — und zwar paradoxerweise in *dieselbe* Richtung, in die er gerade zu fallen beginnt. Der Grund dafür ist das Fehlen eines äußeren, auf die Stange wirkenden Drehmoments. Man kann sagen, daß das Gewicht der Stange in ihrem Schwerpunkt angreift und ihn daher nicht drehen kann. Daraus ergibt sich, daß das gesamte Drehmoment des Systems, das aus der Stange und dem Seiltänzer besteht, konstant bleiben muß — in diesem Fall Null. Durch das Hinunterschwenken der Stange ruft der Seiltänzer ein Drehmoment, beispielsweise im Uhrzeigersinn in ihr hervor, und daher muß im Seiltänzer ein ebenso großes entgegengesetzt gerichtetes Drehmoment entstehen, so daß sich die Summe Null ergibt. Das dem Uhrzeigersinn entgegengesetzt gerichtete Drehmoment des Seiltänzers bewirkt, daß er in die der Fallrichtung entgegengesetzte gedreht und so sein Gleichgewicht wiederhergestellt wird.

Durch leichte Überkompensation kann auch die Stange in ihre horizontale Ausgangsposition zurückgebracht werden. Offensichtlich sind das in der Stange innewohnende Trägheitsmoment und das erzeugte Drehmoment um so größer, je länger und je schwerer sie zu den Enden hin ist, wodurch das ausgleichende Drehmoment größer wird und das Gleichgewicht leichter zu halten ist.

10 Die Läuferin stellt die zusätzliche Energie durch die Arbeit, die sie beim Heranziehen der Arme leistet, zur Verfügung. Das scheint zunächst unverständlich, denn, wenn wir einen Gegenstand aus einem bestimmten Abstand waagerecht und ohne Reibung heranholen, leisten wir keine Arbeit. Diese Aussage ist aber nur dann richtig, wenn wir uns nicht drehen. *Wenn* wir uns drehen, muß der Gegenstand gegen die Zentrifugalkraft herangezogen werden. Die geleistete Arbeit entgegen der Zentrifugalkraft entspricht genau dem Unterschied in der Drehenergie.

11 Ja! Ein inoffizieller Geschwindigkeitsrekord über eine Distanz von 1 Kilometer (= 0,62 Meilen) aus fliegendem Start beläuft sich auf 127,25 Meilen/Std. (= 204,79 km/Std.). Ist der Fahrtwind erst einmal durch ein Auto oder einen Zug abgeschirmt, kann ein Radfahrer mehr als 100 Meilen/Std. (= 161 km/Std.) zurücklegen. Es ist interessant, daß ein Sprinter, der ungefähr 25 Meilen/Std. (= 40,23 km/Std.) zurücklegt, sehr wenig davon profitiert, einem Auto dicht zu folgen, da bei so geringen Geschwindigkeiten der Luftwiderstand vernachlässigt werden kann.

12 Die von einem Tier hervorgebrachte Leistung P verhält sich proportional zur Querschnittsfläche seiner Muskeln. Also $P \sim L^2$, wobei L für die Längenausdehnung des Tieres steht. Beim Laufen auf ebener Strecke muß das Tier vor allem den Luftwiderstand überwinden, dessen Größe sich zum Quadrat der Geschwindigkeit sowie zur eigenen Querschnittsfläche proportional verhält. So ergibt sich die zur Überwindung des Luftwiderstandes aufgebrachte Leistung als $P = Fv \sim v^2 L^2 v$. Nach Gleichsetzung dieser beiden Ausdrücke erhalten wir $L^2 \sim L^2 v^3$, so daß $v \sim L^0$. Das bedeutet, daß die Laufgeschwindigkeit von der Größe des Tieres unabhängig ist.

Beim Laufen bergauf ist das Tempo geringer, weshalb wir die zur Überwindung des Luftwiderstandes notwendige Leistung vernachlässigen können, neben der Leistung, die notwendig ist, um gegen die Schwerkraft anzuarbeiten, $mg \sim L^3$. Dann ist $P = Fv = mgv \sim L^3 v$. Vergleichen wir diese Größe mit der erzeugten Leistung, die sich wiederum zu L^2 proportional verhält, bekommen wir $L^3 v \sim L^2$, d.h., $v \sim 1/L$. Daraus folgt, daß kleinere Tiere bergauf schneller laufen können.

13 Ja. Als eine Gegenreaktion gegen die Flügelschläge eines Vogels, mit denen er die Luft unter sich nach unten schlägt, entsteht ein Aufwind in seiner Umgebung. Schließen sich Vögel dicht aneinander an, können sie solche Aufwinde ausnutzen, um sich oben zu halten. In einer V-Formation genießen alle Vögel, mit Ausnahme des anführenden, annähernd einen gleich starken Aufwind, da jeder Vogel in den Aufwind des Vogels vor ihm fliegt. Berechnungen lassen erkennen, daß eine Gruppe von 25 Vögeln in einer Formation etwa 70% weiter fliegen kann als ein einzelner Vogel.

14 Ein paar Zahlen werden uns zeigen, warum verzweigte Muster in der Welt der Lebewesen so weit verbreitet sind. Denken wir uns den Abstand zwischen zwei nebeneinanderliegenden Punkten als eine Einheit. Die Gesamtlänge aller Bahnen, wobei jede Bahn in der Mitte anfängt und an einem bestimmten Punkt (oder Blatt) zu Ende ist, besteht in (a) aus 90 Einheiten und in

(b) aus 233,1 Einheiten. Die durchschnittliche Länge einer Bahn beträgt in (a) 3,67 Einheiten, in (b) 3,37 Einheiten. Das verzweigte Muster in (a) hat unbestreitbar eine viel kürzere Gesamtlänge als das Explosivmuster in (b); der Preis dafür ist lediglich eine etwas längere durchschnittliche Bahnlänge. Dementsprechend sind Baumzweige, Blutgefäße, Flüsse und sogar Untergrundverkehrslinien allesamt Beispiele verzweigter Muster.

15 Diese Beobachtung wurde anscheinend zuerst von Leonardo da Vinci gemacht, aber noch vor 1920 fanden Cecil D. Murray sowie Wilhelm Roux eine Erklärung dafür. Beide beriefen sich auf das Prinzip des geringsten Kraftaufwandes. Nehmen wir an, daß sich Flüssigkeit in einem Hauptast von Punkt A nach Punkt D fortbewegt (Bild). Nehmen wir weiter an, daß ein Teil der Flüssigkeit durch einen Seitenzweig zu Punkt P geleitet wird. Wenn die Flüssigkeit auf geradem Wege von B nach P fließt, muß sie über eine verhältnismäßig lange Strecke hinweg den großen Reibungsverlust in einem dünnen Zweig in Kauf nehmen. Die Arbeit der Flüssigkeit, die diesen Weg nimmt, drückt sich aus als Produkt $F_{BP} \times BP$, wobei F_{BP} die Kraft bedeutet, die erforderlich ist, um die Flüssigkeit durch den engen Zweig zu leiten. Die andere Möglichkeit wäre, daß die Flüssigkeit ihren Weg im Hauptast von B nach C fortsetzt, dabei einem geringen Reibungsverlust unterliegt und von dort aus nach Punkt P hinüberfließt. Auf dieser alternativen Strecke beträgt die Gesamtarbeit $F_{BC} \times BC + F_{CP} \times CP$.

Welche der beiden Routen nimmt weniger Arbeit in Anspruch? Wenn der Hauptast verglichen mit dem Seitenzweig sehr groß ist, wird die Flüssigkeit wegen des geringeren Kraftaufwandes vorwiegend durch den großen Ast gehen und den Weg durch den kleinen so kurz wie möglich halten; diese Bedingung ist dann besonders gut erfüllt, wenn der kleine Zweig in einem Winkel von nahezu 90° vom Hauptast absteht. Wenn andererseits Haupt- und Nebenzweige fast gleich stark sind, wird die Flüssigkeit mit keinerlei Mehraufwand in den Seitenzweig hinüberwechseln. Die Folge ist, daß große Äste vom Hauptast beträchtlich weniger als 90° abstehen. Durch die Schwerkraft werden die gedachten Winkel sogar noch spitzer, da eng gewachsene Astgabeln das Tragen der Zweige erleichtern.

16 Die von Leonardo da Vinci aufgestellte Regel impliziert, daß für einen in zwei Äste mit den Durchmessern d_1 und d_2 aufgespaltenen Baumstamm mit dem Durchmesser d_0 gilt, $d_0^2 = d_1^2 + d_2^2$; d.h., die Querschnittsflächen der Äste sind zusammen ebensogroß wie der Querschnitt des Stammes. Was wir hier jedoch berücksichtigen müssen, ist der Gleitwiderstand, nicht die Gleitfähigkeit. Da die Äste einen höheren Gleitwiderstand bieten als der Stamm, müßten für den Fall, daß sie gleich viel Flüssigkeit transportieren sollen, ihre Querschnittsflächen vergrößert werden. Der empirisch gefundene Exponent liegt bei 2,5, nicht, wie man meinen könnte, bei 3; also gilt $d_0^{2,5} = d_1^{2,5} + d_2^{2,5}$. Der Grund dafür, daß der Exponent nicht größer ist, liegt darin, daß für den Baum zu schwer wäre, die größeren Gewichtskräfte wesentlich dickerer Äste auszuhalten.

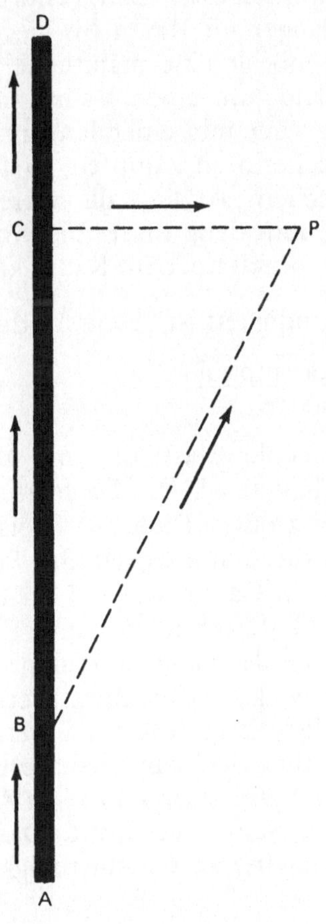

6
Akustik

1 Wenn ein gesprochener Laut auf eine Zimmerwand oder -decke trifft, wird er zum Teil zurückgeworfen, der Rest wird absorbiert. Allgemein werden höhere Töne stärker absorbiert als tiefere. Daher werden Baß- und Tenortöne häufiger reflektiert und bleiben länger im Raum bis sie endgültig absorbiert werden. Folglich benötigt eine männliche Stimme einen geringeren Energieaufwand, um einen Raum zu füllen. Jedoch hat ein männlicher Sprecher mit einer längeren Widerhallphase als eine weibliche Sprecherin zu kämpfen, so daß er gezwungen ist, langsamer zu sprechen. Andernfalls wäre der Anfang eines Wortes gleichzeitig mit dem Ende des vorangegangenen Wortes zu hören, das eventuell noch im Raum klingt.

2 Die Schallgeschwindigkeit ist bestimmt durch die Gleichung

$$v = \sqrt{\frac{\text{Elastizitätsmodul}}{\text{Dichte}}}$$

so daß mit zunehmender Elastizität und abnehmender Dichte die Schallgeschwindigkeit wächst. Da feste Körper und Flüssigkeiten eine sehr viel größere Dichte aufweisen als Gase, könnte man erwarten, daß die Schnelligkeit des Schalls in diesen Medien geringer ist als in Gasen, wie z.B. in Luft. Tatsächlich jedoch ist die Elastizität fester Körper und Flüssigkeiten generell sehr viel größer als die der Gase, so daß sie gegenüber dem Einfluß der Dichte überwiegt und dementsprechend zu einer höheren Schallgeschwindigkeit in festen Körpern und Flüssigkeiten führt. Jedoch weist Blei eine sehr niedrige Elastizität auf, d.h., es schnellt nicht wie Stahl zurück in seine Ausgangsform, wenn man es durch einen Schlag verformt. Daraus folgt, daß der Schall in Blei eine niedrigere Geschwindigkeit erreicht und so schlecht darin geleitet wird, daß es als Glockenmaterial untauglich ist. Eine andere Ausnahme ist Gummi, auch wegen extremer Eigenschaften: extremer Schwammartigkeit und einer besonderen chemischen Struktur.

3 Tiefe Töne sind auf größere Entfernungen hörbar als hohe. Es ist nicht schwer einzusehen, warum. Während der Übertragung von Schallwellen wird ein Teil der anfänglichen Energie der Wellen in Wärmeenergie umgewandelt. In den Schallwellen hoher Frequenz — Wellen, die pro Sekunde öfter schwingen als tiefe Töne — wird die Energie schneller in Wärmeenergie umgewandelt als in den Wellen niedriger Frequenz.

Um Gefahr zu vermeiden, müssen bei Begegnungen der Schiffe auf See große Abstände gewährleistet sein. Daher tönen Nebelhörner sehr tief, so daß ihre Signale meilenweit auf See gehört werden können. Niedrigfrequenztöne können sich unter Wasser so weit ausbreiten, daß einst jemand sagte, daß, wenn jemals ein „Schuß rund um die Erde zu hören sein wird", er unter Wasser abgefeuert werden wird.

4 Im Freien wirkt ein Geräusch oft sehr schwach. In der Luft verbreiten sich Geräusche in alle Richtungen, so daß ihre Energie bald verbraucht ist. Sogar in einem kleinen Raum ist ziemlich viel Luft — ein gewöhnliches Wohnzimmer beinhaltet ungefähr 2000 Kubikfuß (= 609,60 m³) — und die Schallenergie muß sich im gesamten Rauminhalt verteilen. In einem Stück Holz, selbst in einem langen wie einem Dielenbrett, beträgt der Raum, der ausgefüllt wird, kaum mehr als 1 Kubikfuß (= 30,48 cm³), und so sind die Schallwellen im wesentlichen auf einen sehr kleinen Raum beschränkt. Daher hört man, schlägt man z.B. mit einem Hammer auf das Holz, durch die Luft ein lautes Geräusch, mit dem Ohr direkt am Holz, ohrenbetäubenden, schmerzenden Lärm.

5 Wenn man an den Fingern zieht, nimmt der Druck auf die Schmierflüssigkeit zwischen den Gelenkknochen ab. Dabei wird ein Teil der entwickelten Gase (hauptsächlich Kohlendioxyd) in Form von Blasen freigesetzt. Das knackende Geräusch, das wir dabei hören, beruht auf dem nachfolgenden Platzen der Blasen. Nach einigen Minuten wird das Gas wieder absorbiert, und die nächste Vorstellung kann beginnen.

6 Helium ist leichter als Luft, deshalb ist die Geschwindigkeit des Schalls in Helium entsprechend größer. Die Resonanzfrequenz eines jeden Raumes einschließlich unserer Mundhöhle ist bestimmt durch $f = c/\lambda$, wobei c die Geschwindigkeit des Schalls und λ seine Wellenlänge ist, ungefähr so lang wie die Mundhöhle. Somit nimmt mit der Geschwindigkeit die Frequenz zu und verleiht der Stimme eine höhere Lage.

7 Wenn eine Saite mit einem harten, scharfen Hammer angeschlagen wird, teilt sich die gesamte Energie des erzeugten Klangs auf sehr viele Frequenzen auf, nämlich auf die Grundschwingung und ihre Vielfachen (sog. Oberschwingungen). Daher ist der jeweilige Anteil an der Gesamtenergie für die einzelnen Schwingungen sehr klein. Der Grundton und die wenigen Schwingungen niedriger Frequenz erhalten nur einen kleinen Teil der Energie, der Hauptanteil geht in die vielen Schwingungen höherer Frequenz. Da die meisten dieser Frequenzen sowohl im Verhältnis zu dem Grundton als auch jeweils zueinander eine Dissonanz ergeben, ist das Resultat ein harter, schriller, metallischer Klang, als würde man Lärm erzeugen durch das Werfen eines Schlüssels oder einer Münze auf eine Klaviersaite.

Wenn im Gegensatz dazu ein Klavier mit einem Hammer angeschlagen wird, der mit weichem Filz überzogen ist, wird der Anschlag verlängert, so daß zu dem Zeitpunkt, zu dem der Kontakt zwischen Hammer und Saite beendet ist, bereits ein beträchtliches Stück der Saite in Bewegung gesetzt ist. Dadurch wird der an die höheren Töne abgegebene Energieanteil verringert und somit ein grober Mißklang durch die höheren dissonanten Obertöne (7., 9., 11. usw.) vermieden.

8 Aus Entwurf (a) ergibt sich die bessere Akustik. Der Klang des Orchesters gelangt auf zwei Wegen zu den Zuhörern, direkt und durch die Reflexion von der Decke. Mehrfachreflexionen spielen eine geringere Rolle, obwohl sie die Widerhallphase, ohne die die Halle tot klingen würde, verlängert. Hört der Zuhörer den reflektierten Ton weniger als 50 Millisekunden nach dem direkten Ton, erscheint es so, als verstärke der reflektierte Ton den direkten, so daß ein sehr angenehmer Effekt entsteht. Beträgt die Verzögerung mehr als 50 Millisekunden, wird der Zuhörer ein Echo wahrnehmen, das die Wahrnehmung des direkten Tons stört. Die Zahlen im Schaubild geben die Zeitverzögerungen in Millisekunden an und zeigen deutlich die Überlegenheit des Entwurfs (a).

9 Nein! Der Schall erfährt infolge der Geschwindigkeit des Autos keinen zusätzlichen „Anstoß"! Die Ausbreitungsgeschwindigkeit einer Welle wird generell nicht von der Bewegung ihres Ursprungs beeinflußt, sondern hängt von der Beschaffenheit des Mediums ab, durch das sie sich fortpflanzt. Man wird keine Geschwindigkeitszunahme messen können. Gemäß dem Doppler-Effekt wird jedoch der Beobachter eine Tonerhöhung der sich nähernden Sirene wahrnehmen; denn ein Beobachter, auf den sich die Sirene zubewegt, wird pro Sekunde von mehr Schallschwingungen erreicht als ein Beobachter vor einer ruhenden Schallquelle.

10 Eine Ansiedlung auf einem Berggipfel ist günstiger. Schallwellen zeigen eine Tendenz, nach oben hin abgelenkt zu werden, und entfernen sich deshalb leichter von einem Berg als sie sich in einer Talmulde konzentrieren. Es ist weiterhin zu bedenken, daß die vorherrschende Windrichtung eine Rolle spielt. Gegen den Wind gerichtete Schallwellen werden nach oben, fort vom Erdboden und den Menschen abgelenkt, wohingegen mit dem Wind laufende Schallwellen nach unten zum Erdboden hin abgelenkt werden. Unter Berücksichtigung dieser Eigenschaften empfiehlt sich, Gebäude-Standorte so zu planen, daß für lärmende Geräusche, die sich in Windrichtung ausbreiten, genügend Raum nach unten hin vorhanden ist, um mit dem Wind von den Gebäuden fortgetragen zu werden.

11 Das Mikrophon nimmt die menschliche Stimme nicht nur direkt vom Sprecher auf, sondern auch die Wiedergabe aus dem Lautsprecher und die Wiedergabe der Wiedergabe — immer wieder von neuem. Wenn daher ein Mikrophon in erster Linie zum Sprechen verwendet wird und nicht für Musik, ist es ratsam, ein sog. Einwegmikrophon einzusetzen. Letzteres unterliegt nicht in einem solchen Ausmaß der Rückkopplung durch die Lautsprecher, so daß das unerwünschte Geräusch minimal gehalten werden kann.

12 Die Frequenz eines Tons, die von einem Resonanzkörper abgegeben wird, beträgt $f = nv/2L$, wobei n eine ganze Zahl der Menge 1, 2, 3 … ist, v die Schallgeschwindigkeit und L die Länge des Körpers. Die Eigenfrequenz eines Klangkörpers verhält sich daher umgekehrt proportional zu seiner Länge. Folglich kann ein großes Tier einen hohen Ton ausstoßen, denn es kann entweder einen kleinen Nasalraum haben oder einen großen Klangraum zu einem kleinen zusammenziehen. Andererseits könnte eine Maus niemals brüllen, da ihr Nasalraum zu klein ist, um Niedrigfrequenztöne zu erzeugen.

13 Auch wenn sich der gesamte Hörbereich eines gesunden jungen Menschen von 16 bis 20 000 Hertz erstreckt, hört man im Bereich von 2000 bis 5500 Hertz am schärfsten. Die außergewöhnliche Schärfe in diesem Teil des Klangspektrums liegt zum Teil daran, daß die Resonanzfrequenz des äußeren Ohrgangs in diesem Bereich liegt und für eine Verstärkung zwischen 5 und 10 Dezibel dieser Frequenzen sorgt. Unsere Empfindlichkeit für verschiedene Frequenzen ist außerordentlich unterschiedlich. Die Schwingungsenergie, die für einen leise gespielten Ton mit einer Frequenz von nahe 130 Hertz (etwa eine Oktave unter dem mittleren C auf dem Klavier) erforderlich ist, muß ungefähr 100 mal größer sein als diejenige, die man benötigt, um die gleiche geringe Lautstärke bei einer Frequenz nahe 2100 Hertz (das dritte C über dem mittleren) zu erzeugen. Andererseits nimmt das Energieverhältnis, das für gleiche Lautstärke dieser beiden Töne nötig ist, bis auf fast 1 ab, wenn beide Töne laut gespielt werden.

14 Die Wiedergabe durch eine Telephonmembrane ist auf den Bereich von etwa 300 bis 2400 Schwingungen pro Sekunde begrenzt. Lautsprecher in Transistorgeräten unterschlagen generell alle Frequenzen unterhalb ca. 250 Hertz, der Frequenz des mittleren C. Die Hauptfrequenzen männlicher sowie weiblicher Stimmen liegen jedoch unterhalb dieses Bereichs. Im Mittel sprechen Männer mit einer Tonfrequenz von ungefähr 120 Hertz, Frauen bei 240 Hertz. Der höchste menschenmögliche Ton wurde übrigens von der phänomenalen Sopranistin Lucrezia Agujari, die im 18. Jahrhundert lebte, erreicht. Es war C_7 — 2093 Hertz. Die eindeutige Schlußfolgerung ist die, daß kein Baß-, Tenor- oder sogar Altton aus einem Telephon- oder Transistorlautsprecher herauskommt. Dennoch hören wir männliche Stimmen mit absoluter Klarheit!

Das Paradoxon läßt sich erklären, wenn man sich klarmacht, daß der Klang der menschlichen Stimme aus Grundtönen und deren Obertönen zusammengesetzt ist, d. h., daß mit der Grundfrequenz stets ganzzahlige Vielfache davon entstehen. Es stellt sich heraus, daß das Ohr nicht nur einfach die in einer Schallwelle vorhandenen Frequenzen analysiert, sondern zusätzlich neue, die Summen und Differenzen der ursprünglich vorhandenen Frequenzen, produziert. Die Differenzfrequenz ist normalerweise die auffallendste dieser zusätzlichen Töne, die den Zuhörer den Baßton wahrnehmen läßt.

15 Damit wir ein Echo hören können, müssen Schallwellen in unsere Richtung reflektiert werden. Stellen wir uns vor, wir stünden am Fuße eines Berges mit einem Haus auf dem Gipfel (Bild). Wenn wir jetzt in die Hände klatschen, werden wir voraussichtlich enttäuscht sein, denn wahrscheinlich werden wir kein Echo hören. Der Grund ist einfach. Schall folgt bei der Reflexion den gleichen Gesetzen wie Licht: Der Reflexionswinkel ist gleich dem Einfallswinkel. Wie das Schaubild zeigt, werden alle Wellen nach oben in die Luft abgelenkt und nicht zurückreflektiert. Wir können viel eher ein Echo erwarten, wenn die schallreflektierende Wand auf gleicher Höhe mit uns liegt oder sich sogar noch tiefer befindet, wenn wir z.B. auf einem Hügel stünden und das Gebäude an seinem Fuß wäre. Der Schall wird zu uns zurückkommen, wobei er vom ansteigenden Hang ein oder zweimal zurückprallt.

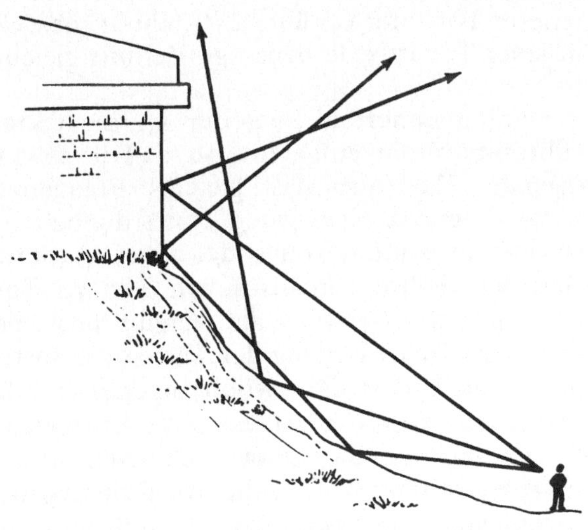

16 Die Musik der westlichen Welt basiert auf Tonlagen, die sich durch ein bestimmtes Frequenzverhältnis zwischen den aufeinanderfolgenden Tönen auszeichnen. Bei sog. Stammtonleitern oder idealen Tonleitern, die ganz auf Pythagoras zurückgehen, sind die Bestimmungsverhältnisse innerhalb einer Oktave folgende:

C	D	E	F	G	A	B	C
1,000	1,125	1,250	1,333	1,500	1,667	1,875	2,000
24/24	27/24	30/24	32/24	36/24	40/24	45/24	48/24

Diese Tonleiter kann zur nächst höheren sowie zur nächst tieferen Oktave hin fortgesetzt werden, indem man einfach alle Zahlen verdoppelt bzw. halbiert. Ein Klavierstimmer könnte alle weißen Tasten eines Klaviers auf diese Tonfolge abstimmen, so daß man verschiedenste Stücke einfacher Musik spielen könnte. Versucht man jedoch, eine einfache Melodie, die ursprünglich bei C begann, als neue Variation beim nächst höheren Ton der Tonleiter zu beginnen, d.h., in D zu spielen, wird das Ergebnis seltsam klingen; mit Sicherheit wird es sich nicht so anhören wie die Originalmelodie. Und je weiter wir uns von der Tonart C entfernen, desto größer wird die Diskrepanz sein. Aus diesem und aus anderen Gründen wurde eine neue, die sog. wohltemperierte Tonleiter vor über 250 Jahren entwickelt, nach der man in jeder Tonart jede beliebige Melodie gleich gut spielen kann.

Bei der wohltemperierten Tonleiter ist die Oktave in 12 gleiche Halbtonintervalle aufgeteilt, so daß jeweils zwei aufeinanderfolgende Halbtöne das gleiche Frequenzverhältnis haben. Da die Frequenz eines jeden Tones doppelt so groß ist wie die des gleichbenannten Tones, der eine Oktave tiefer liegt, schreibt man das Halbtonverhältnis von Ton zu Ton als 12. Wurzel aus 2, das ist 1,05946. Damit ergibt sich eine konvergente geometrische Reihe entlang der Tasten des Instrumentes. Die folgende Tabelle gibt die „wohltemperierten" Frequenzverhältnisse zusammen mit den idealen Verhältnissen und den Frequenzen an, auf die die Oktave oberhalb des mittleren C normalerweise gestimmt ist (Für die Lokalisierungen der Töne auf dem Tasteninstrument siehe auch Schaubild).

Unter der Tabelle folgt eine Zeile, die darauf hinweist, wie die „ideale" C-Skala, die wir zu Anfang erwähnt haben, bei der „wohltemperierten" Abstimmung durch eine Folge von Nachbartönen angenähert wird.

| Ton | Tonleiter | | ideale |
| | wohltemperierte | | |
	Verhältnis	Frequenz	Verhältnis
C	1,0000	261,63	1,0000
C#	1,0595	277,18	
D	1,1225	293,66	1,1250
D#	1,1892	311,13	
E	1,2600	329,63	1,2500
F	1,3348	349,23	1,3333
F#	1,4142	369,99	
G	1,4983	391,99	1,5000
G#	1,5874	415,31	
A	1,6818	440,00	1,6666
A#	1,7818	466,16	
B	1,8877	493,88	1,8750
C	2,0000	523,25	2,0000

C   D   E   F   G   A   B   C

Ton Ton Halbton Ton Ton Ton Halbton

Ein Klavierstimmer macht beim Stimmen keinen Unterschied
zwischen schwarzen und weißen Tasten. Sie werden alle in
einer einheitlich ansteigenden Tonfolge gestimmt. Die beiden
verschiedenen Farben und Tastenformen dienen lediglich
dem Spieler, sich auf dem weitläufigen Instrument zurechtzu-
finden. Zum Schluß sei festgehalten, daß bei dem wohltemperierten System die Tonfolge nicht genau mit der Stammton-
leiter übereinstimmt, jedoch eine hinreichend starke Annähe-
rung darstellt. In der Tat haben sich die modernen Hörgewohn-
heiten (seit Bach) vollkommen auf diese „Fehler" eingestellt,
so daß diese Abstimmung als richtig empfunden wird.

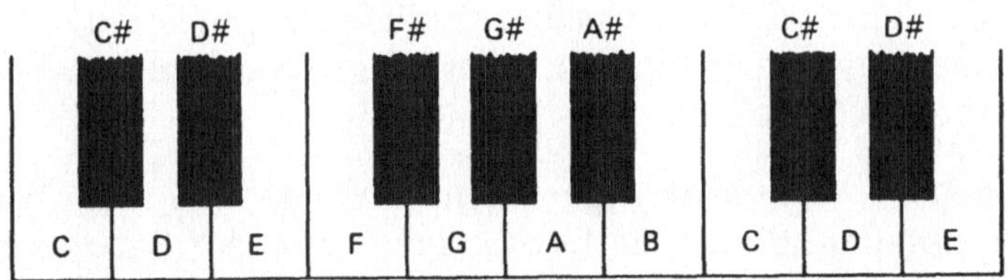

7
Wärme

1 Die Temperatur geschmolzenen Bleis liegt bei ungefähr 327 °C (etwa 600 °F), so daß das Experiment sehr gefährlich ist. Man kann es jedoch durchführen, wenn man vorher die Hände naß macht, denn um Wasser zu erhitzen, braucht man verhältnismäßig viel Energie. Das heiße Blei in der Umgebung der Hand wird zuerst das Wasser an ihr zum Sieden und Verdampfen bringen. Vor diesem Zeitpunkt empfiehlt es sich, die Hände herauszunehmen, oder es würde ein tragisches Ende nehmen.

2 Dem Trapper, der in Coopers „Prärie" die Reisenden rettete, war anscheinend ein einfaches physikalisches Gesetz bekannt. Obwohl der Wind aus der brennenden Steppe den Reisenden ins Gesicht blies, trieb zwischen ihnen und den Flammen in der Nähe des Feuers ein umgekehrter Luftstrom zum Feuer hin. In der Tat wird die Luft über dem Feuer erhitzt und dadurch leichter, so daß sie nach oben steigt und durch kühle, frische Luft, die von der Seite der Reisenden aus der Prärie heranfließt, ersetzt wird.

3 Wenn sich das Quecksilber infolge einer Erwärmung ausdehnt, kann es durch den ausreichend großen Druck, der dabei wirkt, durch die Verengung hindurchtreten. Nach der Abkühlung muß ein entgegengesetzt gerichteter Druck aufgewendet werden, damit das Quecksilber zurückgelangen kann. Diesen Druck erzeugt man, indem man das Thermometer kräftig nach unten schwenkt.

4 Manche Leute unterliegen dem Irrtum, daß das Wasser steigt, um den Raum zu füllen, den zuvor der Sauerstoff in Anspruch genommen hat, der von der brennenden Kerze verbraucht wurde. Das kann deswegen nicht der Grund sein, da die brennende Kerze selbst Gase und Dämpfe freisetzt, vor allem Kohlendioxyd und Wasserdampf. Der tatsächliche Grund ist vielmehr ein physikalischer, kein chemischer. Während die unter dem Glas eingeschlossene Luft durch eine Flamme erhitzt wird, dehnt sie sich aus, wobei sogar ein Teil unter dem Glasrand unter Wasser hinausströmt. Wenn die Flamme erlischt, kühlt die Luft ab und zieht sich zusammen, so daß ein Unterdruck gegenüber dem atmosphärischen Druck außerhalb des Glases entstehen würde, wenn nicht ausreichend Wasser im Glas aufstiege.

5 Sauberer Schnee ist ein guter Reflektor und schmilzt deshalb nicht unmittelbar unter dem Einfluß der Sonnenstrahlen. Schmutziger Schnee absorbiert mehr Strahlungsenergie, die von der Sonne kommt, und schmilzt dadurch schneller. Es ist sicherer, wenn der Schnee vor Beginn des Frühlings allmählich zu schmelzen beginnt. Das plötzliche Abtauen, das oftmals Überflutungen verursacht, wird dadurch verhindert.

6 Die Hälfte der ursprünglichen potentiellen Energie ist infolge der inneren Reibung der Flüssigkeit selbst sowie der Reibung an den Gefäßwänden in Wärme umgewandelt worden. Gäbe es keine Reibung, würde die Flüssigkeit für alle Zeiten zwischen den Behältern hin- und herpendeln. Man kann dieses Phänomen noch besser beobachten, wenn man nichtbenetzende Flüssigkeiten verwendet, wie z. B. Quecksilber.

7 Warme Luft kann mehr Wasserdampf, d.h., Wasser in Gasform, aufnehmen als kalte Luft, und zwar deswegen, weil Wasserdampfmoleküle sich naturgemäß bei Zusammenstößen aneinander anlagern und verflüssigen, wenn ihre Geschwindigkeiten nicht zu groß sind, aber bei höheren Geschwindigkeiten voneinander abprallen und im gasförmigen Zustand bleiben. Wenn die Luft gekühlt wird, kondensiert ein Teil des Wasserdampfes zu winzigen Tröpfchen, was der Verdunstung entgegenwirkt. Daher muß, um unser Wohlbefinden zu gewährleisten, die überschüssige Feuchtigkeit entzogen werden.

8 Der Tastsinn ist tatsächlich irreführend, wenn es darum geht, Temperaturen zu beurteilen. Der Türknopf fühlt sich deswegen kälter an, weil er als Metall und guter Wärmeleiter schneller als die Holztür den Fingern Wärme entzieht.

9 Bedauerlicherweise nicht! Der Temperaturanstieg in dem offenen Kühlschrank wird das Kühlsystem veranlassen, aufs Neue zu arbeiten. Jedoch wird dann mehr Wärme durch den Motor an der Rückwand des Kühlschrankes freigesetzt als von der vorn herausströmenden Kaltluft absorbiert wird. Dies folgt aus dem zweiten thermodynamischen Gesetz. Daraus ergibt sich, daß der Raum sogar noch wärmer wird.

10 Die Antwort lautet paradoxerweise: Die Gesamtenergie der Luft im Raum bleibt gleich. Sobald die Hitze zugeführt wird, dehnt sich die Zimmerluft aus; die einzige Möglichkeit, das zu tun, besteht darin, durch Poren und Risse in den Wänden nach außen zu entweichen. Mit der Luft entweicht die durch das Aufheizen zugeführte Energie.

Wir können leicht nachweisen, daß der Energiegehalt der Raumluft von der Temperatur unabhängig ist. Der Energiegehalt der Luft pro Einheit des Rauminhalts verhält sich proportional zu der entsprechenden Dichte d und Temperatur T, d.h., $E \sim Td$. Näherungsweise kann die Luft als ideales Gas aufgefaßt werden, so daß für sie näherungsweise das Gesetz $p/(Td) = c$ gilt, wobei c konstant ist. Daraus leiten wir $d = p/(cT)$ her, das, in die erste Gleichung eingesetzt, $E \sim Tp/(cT) \sim p$ ergibt. Die Temperatur T fällt also aus dem Gesetz heraus, so daß wir als Ergebnis festhalten können, daß sich die Energie der Luft pro Volumeneinheit proportional zu dessen Druck verhält, aber von der Temperatur unabhängig ist.

11 Nein. Beide Durchmesser, der innere sowie der äußere, werden größer. Wäre das nicht der Fall, hätte man niemals einen Metallreifen auf ein Wagenrad ziehen können, wie es zu Zeiten, da man noch mit Pferd und Wagen fuhr, üblich war.

12 Wenn man heißes Wasser in ein Glas gießt, dehnt sich die innere Glasschicht zuerst aus, wobei sie auf die äußere Schicht, deren Expansion infolge der geringen Wärmeleitfähigkeit von Glas hinausgezögert wird, einen starken Druck ausübt. Wenn das Wasser heiß genug ist, kann das Glas platzen. Stellt man jedoch einen Metallöffel hinein, gibt das heiße Wasser sehr schnell einen Teil der Wärme an ihn ab. Die Wassertemperatur fällt und, da sich das Glas inzwischen erwärmt hat, wird auch das weitere Eingießen heißen Wassers das Glas nicht zum Bersten bringen.

13 Wir haben es hier nicht mit einer Paradoxie zu tun, da das Wasser auf dem Grund des Röhrchens kalt bleibt. Durch die Ausdehnung infolge der Wärme wird das Wasser leichter und sinkt nicht auf den Grund, sondern bleibt im oberen Teil des Reagenzglases. Darüber hinaus spielt eine Rolle, daß Wasser ein sehr schwacher Wärmeleiter ist, so daß Wärmeübertragung in den unteren Teil des Glases hier weitgehend auszuschließen ist.

14 Beide Kugeln dehnen sich aus, wenn Wärme zugeführt wird. Der Schwerpunkt der Kugel auf dem Tisch verlagert sich nach oben. Das bedeutet, daß ein Teil der zugeführten Wärme sich in Arbeit verwandelt, um der Schwerkraft entgegenzuwirken. Der Temperaturanstieg ist also nicht so stark wie man vielleicht erwartet hat. Demgegenüber verlagert sich der Schwerpunkt der aufgehängten Kugel nach unten. Die somit freigesetzte potentielle Energie bewirkt einen weiteren Temperaturanstieg. Wir ziehen den Schluß, daß die hängende Kugel ein wenig wärmer sein wird als die Kugel auf dem Tisch.

15 Während der Heizperiode kann durch das Löschen des Lichts in geschlossenen Räumen grundsätzlich keine Energie gespart werden, und zwar deswegen, weil die Lampe selbst eine sehr wirksame Heizquelle ist. Der größte Teil der Energie, der jeder elektrischen Lampe zugeführt wird, wird direkt in Wärme umgesetzt ($I^2 R$-,,Verluste"). Auch die Energie, die als Licht ausgestrahlt wird, wandelt sich, während sie von Wänden, Möbeln und Menschen absorbiert wird, in Wärme um. Da eine ausgelöschte Lampe keine Wärme mehr abgibt, muß sie durch die Heizungsanlage im Haus ersetzt werden, um die am Thermostat eingestellte Temperatur aufrechtzuerhalten. Sollte ein solches Heizsystem den Brennstoff unrationell verwerten (wie es bei der Stromerzeugung und -übermittlung vergleichsweise geschieht), kann es durchaus sein, daß zur Aufrechterhaltung der Zimmertemperatur bei ausgeschaltetem Licht mehr Heizmaterial erforderlich ist als bei eingeschaltetem Licht!

Man mag jedoch ein wenig *Geld* sparen, wenn man das Licht ausdreht, denn Strom ist im allgemeinen die teuerste Art und Weise, ein Gebäude zu heizen. Davon abgesehen ist es auch nicht billig, durchgebrannte Glühbirnen zu ersetzen.

Während des Sommers stellt sich die Situation ganz anders dar. In einem klimatisierten Haus muß die Wärme, die durch Licht zusätzlich entsteht, von der Klimaanlage entfernt werden.

Deshalb verschwendet man, läßt man unbedacht Licht brennen, nicht nur die Energie, die der Lampe zugeführt wird, sondern auch die für das Kühlsystem notwendige Energie zur Beseitigung der Lampenenergie.

16 Nein. Reines Wasser siedet bei 100° und kann deshalb das Wasser in der Flasche bis auf 100° erhitzen. Sobald jedoch die Temperaturen gleich hoch sind, wird keine Wärme vom siedenden Wasser auf das Wasser in der Flasche übergehen. Das siedende Wasser ist also nicht fähig, die zusätzliche Wärme abzugeben, die notwendig ist, das Wasser in Dampf umzuwandeln, und solange das nicht passiert, kann es nicht sieden.

17 Ja. Unter sehr hohem Druck wird Wasser fest, auch bei Temperaturen weit über 0°C. Der amerikanische Physiker Bridgman erhielt das Produkt „Eis Nr. 5", wie er es nannte, indem er einen Druck von 20 600 atm wirken ließ. Bei einer Temperatur von 76°C, heiß genug, um sich die Finger zu verbrennen, blieb dieses Eis fest.

18 Kältemischungen sind Mischungen aus Salz und Eis, die den Vorteil bieten, daß sie sich mit der Wärme, die zum Schmelzen notwendig ist, selbst versorgen können. Zuerst einmal wird der Gefrierpunkt des Wassers dadurch herabgesetzt, daß man ihm Salz zusetzt, weil zwischen die Wassermoleküle, die sich gewöhnlich zu Eiskristallen zusammenschließen, Salzmoleküle geraten. Dem Gemisch muß deshalb, um die Wassermoleküle soweit zu verlangsamen, daß die Kristallbildung einsetzen kann, mehr Wärme entzogen werden. Die Herabsetzung des Gefrierpunktes hat zur Folge, daß ein Teil des in der Mischung vorhandenen Eises sofort schmilzt. Der Schmelzvorgang erfordert jedoch einiges an Wärmeenergie — um genau zu sein, 80 Kalorien je Gramm Eis. Die Wärme zum Schmelzen des gesamten Eises wird dem noch nicht geschmolzenen Eis und dem umgebenden Wasser entzogen. Das Salzwasser sickert zwischen dem granulierten Eis hindurch, von dem immer mehr schmilzt, je mehr Wärmeenergie dem benachbarten Eis und Wasser entzogen wird. Schließlich besteht die Kältemischung aus einer sehr kalten Salzlösung, in der die letzten Eiskörnchen gerade schmelzen. Mikroskopisch gesehen wird den Wassermolekülen Bewegungsenergie entzogen, um zunächst das Eis zu schmelzen, wobei die potentielle Energie der Eismoleküle zunimmt, bis sie die starren Kristallverbindungen verlassen und in freiere Bewegung geraten. Da sich jetzt die ursprüngliche kinetische Energie der Wassermoleküle auf die ursprünglichen Wassermoleküle und diejenigen, die im Eis eingebunden waren, verteilt, ist die kinetische Energie pro Molekül geringer. Das ist genau dasselbe, wie wenn man sagt, die Temperatur des Gemisches sei geringer.

19 Bei der ersten Berührung mit einer heißen Herdplatte verdampft der untere Teil eines Wassertropfens sofort. Der nach unten strömende Dampf treibt den Tropfen aus dem Berührungsfeld der Herdplatte, so daß dieser auf einem Kissen aus seinem eigenen Dampf liegt. So wie jedes Gas ist auch Dampf ein schlechter Wärmeleiter, und er verhindert die unmittelbare Wärmeübertragung zum Tropfen. Es mögen wohl zwei Minuten vergehen, bis der Tropfen seinen Siedepunkt erreicht.

Flüssige Luft hat eine Temperatur von ungefähr $-196\,°C$. Im Vergleich dazu ist die Hand ein ziemlich heißer Ofen. Also würde ein Tropfen flüssiger Luft auf der Hand den sphäroiden Zustand annehmen, und, wenn man ihn nicht zu lange an einer Stelle läßt, keine Verletzung zur Folge haben. Im Gegensatz dazu würde gefrorenes Quecksilber bei $-39\,°C$ starke und schmerzvolle Verbrennungen verursachen.

20 In dem, der heißes Wasser enthält! Über dieses paradoxe Phänomen berichtete bereits Francis Bacon in seinem Werk *Novum Organum* (1620). In Gebieten mit langen Wintern, wie in Kanada und den skandinavischen Ländern, wird diese Tatsache alltäglich ausgenutzt. Zum Beispiel beachtet man, daß Autos nicht mit heißem Wasser gewaschen werden sollten, da dieses schneller anfriert als kaltes Wasser, oder auch, daß Eisbahnen mit heißem Wasser überspült werden, weil sie dadurch schneller vereisen.

Zunächst sei darauf hingewiesen, daß dies nicht für Kübel mit Deckel gilt. Sie erkalten nur dadurch, daß sie durch die Wände Wärme abgeben; dieser Prozeß entspricht dem Newtonschen Abkühlungsgesetz. Der warme Kübel kühlt zunächst bis auf die anfängliche Temperatur des kalten Kübels ab und von dem Moment an unterliegt er dem gleichen Abkühlungsprozeß wie der kalte Kübel. Daher ist die gesamte Abkühlungsdauer für den warmen Kübel um den zuerst genannten Zeitabschnitt länger als für den kalten Kübel.

Kübel ohne Deckel kühlen dagegen nur teilweise auf Grund des Leitvorgangs nach Newton und teilweise durch Verdunstung ihres Inhalts ab. Bei offenen Holzkübeln beruht die Abkühlung vorwiegend auf Verdunstung, da Holz ein schlechter Wärmeleiter ist. Bei Metallkübeln wird ein großer Teil der Wärme durch die Wände abgeleitet, so daß in diesem Fall ein Kübel mit kaltem Wasser zuerst abkühlen würde. Ein weiterer wichtiger Faktor ist die Temperatur des Wassers. Verdunstung bei hohen Temperaturen bewirkt einen wesentlich größeren Energieverlust als die Wärmeleitung durch die Wand. Hierbei kühlt das schnelle Verdunsten an der Oberfläche zunächst die obere Schicht ab. Dadurch verringert sich die Dichte so, daß sie die des darunter befindlichen Wassers unterschreitet. Die Folge ist, daß die oberste Schicht an Auftrieb verliert und, nach dem Archimedischen Prinzip, absinkt. Das heiße Wasser darunter steigt höher, und damit beginnt ein umfangreicher Umwälzungsprozeß („Konvektion").

Verdampfung in Verbindung mit Konvektion (Wärmeübertragung) hat einen sehr raschen Wärmeverlust zur Folge, besonders dann, wenn die Anfangstemperatur sehr hoch ist. Das erklärt, warum unter bestimmten Umständen ein warmer Kübel schneller abkühlt als ein kalter.

Hinzuzufügen wäre noch, daß der Massenverlust durch Verdampfung recht bedeutend ist. Zum Beispiel büßt Wasser bei Abkühlung von 100° auf 0°C 16 % an Masse ein, weitere 12 % während des Frierens. Der Massenverlust insgesamt beträgt deshalb

$$16\,\% + \frac{12}{100}\,(100 - 16) = 26\,\%$$

8
Elektrizität und Magnetismus

1 Sobald sich die Flamme zwischen den gegensätzlichen Polen befindet, bewegen sich die freien Elektronen, die auf Grund der starken Hitze aus den Atomen herausgelöst worden sind, auf den positiven Pol zu. Die Flamme behält dann einen Überschuß an positiven Ionen zurück und wird daher positiv geladen. Da die Ionen relativ schwer sind, sind sie nicht so leicht beweglich wie die Elektronen. So biegt sich die Flamme nur in Richtung zum negativen Pol, anstatt auf ihn zuzuwandern wie die Elektronen auf den positiven Pol zuwandern.

2 Eine einfache Erklärung für die Rolle, die Magnetanker spielen, liefert die Theorie der Elementarmagnete. Betrachten wir den ringförmigen Hufeisenmagneten ohne einen solchen Magnetanker (Bild Seite 112, Teil a). Die freien Pole der Elementarmagnete an den Endflächen des Eisenkerns rufen einen Entmagnetisierungseffekt hervor, indem sie infolge ihrer gegenseitigen Abstoßungskräfte der einheitlichen Ausrichtung der Elementarmagnete entgegenwirken. Daher genügt schon die Wärmezufuhr oder mechanische Erschütterung durch Berührung mit der Hand, um freie Pole aus der Feld-Ordnung in eine „Unordnung" zu bringen.

Wenn allerdings zur Schließung der Lücke im Eisenkern ein Weicheisenanker verwendet wird, gibt es keine freien Pole (Bild, Teil b). Es gibt kein Ende des Magneten, an dem gleichnamige Pole ohne „Sättigung" durch Gegenpole auftreten, also keine Kraft, die „Unordnung" hervorruft.

Der Begriff des freien Pols ist jedoch nur mit Einschränkung zu verwenden. Er hat lediglich die Aufgabe, modellmäßig zum Ausdruck zu bringen, daß an jedem Ende des Magneten unausgeglichene magnetische Kräfte auftreten.

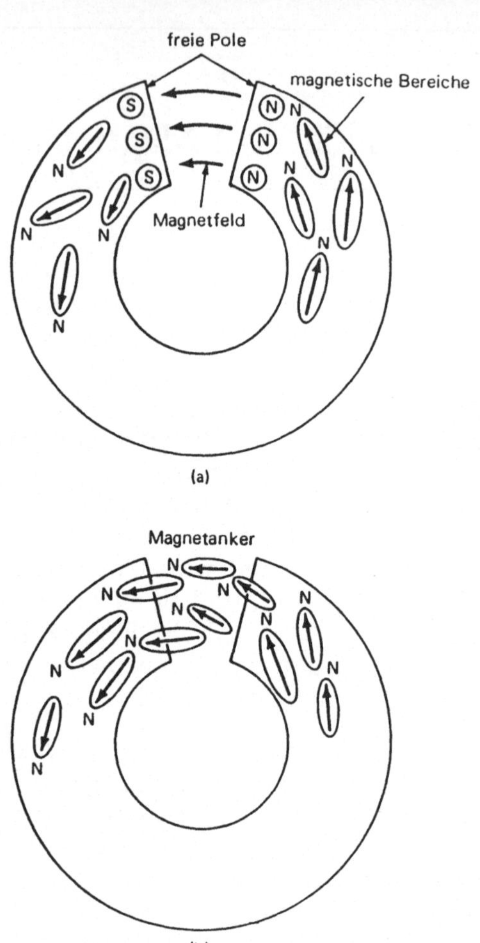

3 Durch die Reibung mit der Straße erhalten Reifen eine negative Ladung. Folglich werden die Elektronen im Metallkörper des Lastzuges von den Reifen abgestoßen, so daß der Wagenteil in der Nähe der Reifen positiv geladen ist. Sodann können zwischen dem Wagen und nahe genug heranreichenden Körpern, die auf der Erde stehen, Funken überspringen, die den Treibstoff entzünden könnten. Unglücklicherweise bleibt, auch wenn ein Metallband einen Teil der Elektronen vom Rumpf des Wagens abzieht, der Tankzug positiv geladen und nach wie vor bereit, Funken abzugeben.

4 Die Paradoxie entsteht durch den Versuch, Gleichstromgesetze auf ein Wechselstromphänomen anzuwenden.

Bei einem offenen Sekundärstromkreis fließt nur ein geringer Primärstrom, und zwar deswegen, weil die Primärspannung, entsprechend dem Lenz-Gesetz, durch die ihr entgegenwirkende elektromotorische Kraft (EMK)* nahezu aufgehoben wird. Wenn die Sekundärspule von Strom durchflossen wird, erzeugt der Sekundärstrom ein sich ständig änderndes Magnetfeld. Dieses Magnetfeld ist so gerichtet, daß der magnetische Fluß im Eigenkern geschwächt wird, und da der Betrag der im Primärkreis der Primärspannung entgegenwirkenden elektromotorischen Kraft* von diesem Fluß abhängig ist, wird sie verringert, so daß der Primärstrom zunimmt. Je stärker der Sekundärstrom, um so größer die durch ihn bedingte Änderung des magnetischen Flusses; je mehr der magnetische Fluß im Eisenkern abnimmt, desto schwächer ist die den Primärstrom hemmende elektromotorische Kraft*; in diesem Ausmaß nimmt der Primärstrom zu. Tatsächlich nimmt der Primärstrom so zu, daß der Sekundärstrom nur ein Viertel davon beträgt. Die Gleichung für die Leistung lautet dann

$$I_\mathrm{p}\, U_\mathrm{p} = (1/4\, I_\mathrm{p})\,(4\, U_\mathrm{p}) = I_\mathrm{s}\, U_\mathrm{s}$$

wobei sich die Bezeichnungen p und s auf „primär" bzw. „sekundär" beziehen. Wir sehen, daß die Ausgangsleistung gleich der Eingangsleistung ist, somit wird der Energieerhaltungssatz erfüllt.

5 Man richtet den Stab nach den magnetischen Feldlinien der Erde aus, d.h., etwa in Nord-Süd-Richtung. Ein paar leichte Schläge mit dem Hammer erschüttern die Elementarmagnete bzw. Weißschen Bezirke im Stab so, daß sie sich besser nach dem erdmagnetischen Feld ausrichten können. Um den Stab zu entmagnetisieren, bringt man ihn, bevor man ihn anschlägt, in Ost-West-Position.

6 Wie sich herausgestellt hat, gibt es einen bestimmten Abstand zwischen Elektron und Proton, der von dem Elektron bevorzugt eingehalten wird. Bei diesem Abstand, den man

* Gegenspannung durch Selbstinduktion

Bohrradius nennt, $a_0 = 0,528 \times 10^{-8}$ cm, besitzt das Proton-Elektron-System die geringstmögliche Energie und ist stabil.

Warum gibt es solch eine optimale Entfernung? Der Grund ist, daß auf das Elektron zwei gegensätzliche Kräfte wirken. Einerseits wird es vom Proton durch die zwischen beiden bestehende elektrische Kraft stark angezogen. Andererseits ist durch die obige Aussage über den Abstand zum Ausdruck gebracht, daß sich das Elektron innerhalb eines Kugelvolumens mit dem Atomkern im Zentrum aufhält, wobei der oben genannte Abstand den Kugelradius angibt. Nach Heisenbergs Unschärferelation wird jedoch die Unschärfe des Impulses um so größer, je geringer die Unbestimmtheit der Ortsangabe ist. Es ist, als ob das Elektron beginnt, sich mit Protest zu wehren, wenn wir versuchen, das Kugelvolumen in dem es sich aufhält, zu verkleinern. Auf einen solchen Versuch reagiert das Elektron so, als ob es sich nicht in so großer Nähe zum Proton aufhalten wolle, d.h., es verhält sich so, als würde es von ihm abgestoßen. Die Folge ist, daß das Elektron einen Kompromiß zeigt zwischen anziehender und abstoßender Kraft und den günstigsten Abstand hält.

7 Die Nordspitze der Kompaßnadel zeigt nicht in die Richtung des geographischen Nordpols, dafür aber in die Richtung des nördlichen magnetischen Pols der Erde. Letzterer ist in der Umgebung Nordwestgrönlands gelegen, ungefähr 1200 Meilen (etwas mehr als 1900 km) vom geographischen Nordpol entfernt. Daraus ergibt sich, daß eine Kompaßnadel in Britisch Kolumbien viel weiter vom wirklichen Norden abweicht als in Vermont.

8 Wenn der Widerstand eines elektrischen Stromkreises, wie bei Elektromotoren zum Betreiben von Industriemaschinen, Klimaanlagen, Werkzentralen usw., stark induktiv ist, eilt der Strom der Spannung nach. Wenn der Stromkreis überwiegend kapazitive Widerstände enthält, eilt der Strom der Spannung voraus. In jedem Fall wird der sog. Leistungsfaktor (cos ϕ, wobei ϕ der jeweilige Phasenwinkel ist) verringert, und der Benutzer kann nicht so viel Leistung beziehen wie er möchte. Das elektrische Versorgungsnetz für Wohngebiete hat einen hohen spezifischen ohmschen Widerstand und einen vergleichsweise großen Leistungsfaktor. In der Industrie dagegen, vor allem bei Elektromotoren, sind die elektrischen Widerstände großenteils induktiver Natur. Wenn eine elektrische Leitung zu viele induktive

Widerstände enthält, wie wenn man Elektromotoren für Klimaanlagen und Werkzentralen verwendet, sind hintereinanderge-
schaltete Kondensatoren notwendig, um die Phasenverschiebung
wieder auszugleichen.

9 Betrachten wir der Einfachheit halber die Kraft zwischen
einem stromführenden Draht und einer fließenden negativen
Probeladung. Der Draht ist neutral und kann daher durch zwei
Reihen elektrischer Ladungen gleichen Abstands symbolisiert
werden, wobei die eine positiv, die andere negativ ist (Bild, Teil a).
  Wir nehmen an, daß die negativen Ladungen im Draht nach
links fließen (Elektronen) und ebenso die negative Probeladung.
Wenn man die Geschwindigkeiten der Ladungen im Draht relativ, auf die Probeladung bezogen, angibt, sind die positiven Ladungen im Draht schneller als die negativen Ladungen. Nach der
speziellen Relativitätstheorie erscheint jedoch ein Objekt, das
sich mit einer Geschwindigkeit v bewegt, verkürzt — seine Geschwindigkeit bei $v = 0$ multipliziert sich mit dem Faktor
$\sqrt{1 - v^2/c^2}$. Daher erscheinen die positiven Ladungen enger
zusammengerückt als die negativen Ladungen (Bild, Teil b),
umso mehr, je schneller sie fließen.
  Da die Ladungsmenge jedes Teilchens von seiner Geschwindigkeit unabhängig ist, folgt, daß für die negative Probeladung
auf eine bestimmte Drahtlänge eine größere Menge positiver
Ladung vorhanden ist als negativer. Die negative Probeladung
erfährt folglich eine Anziehungskraft in Richtung Draht. Wird
die Probeladung durch eine der Ladungsreihen eines zweiten
Drahtes ersetzt, wird entsprechend der zweite Draht vom ersten
angezogen.
  Diese Anziehungskraft nennt man gewöhnlich *magnetische*
Kraft, sie ist aber nichts weiter als eine elektrische Kraft zwischen unausgeglichenen elektrischen Ladungen. Die als Differenz zweier elektrischer Kräfte auftretende „magnetische"
Kraft verkleinert sich mit der Geschwindigkeit, proportional
zu dem Faktor $(v/c)^2$. Da die Driftgeschwindigkeit der Elek-

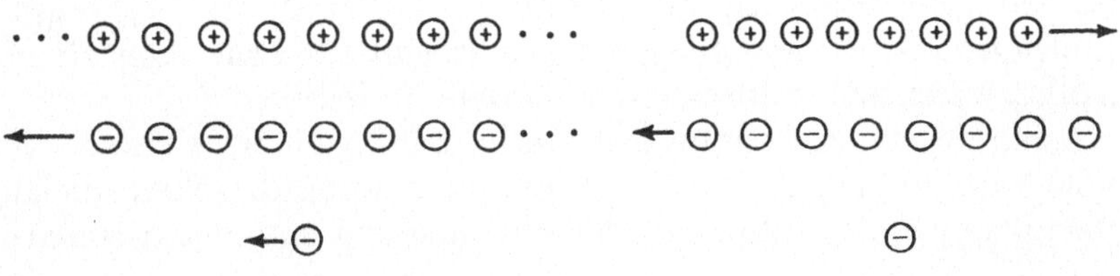

tronen gewöhnlich in der Größenordnung 1 cm/s liegt, hat der Faktor die Größenordnung 10^{-21} — ein ungeheurer Unterschied zur Größe der elektrischen Kräfte zwischen den beteiligten Ladungen. Magnetische Kräfte sind aufgrund zweier Umstände in der Lage, Motoren zu betreiben oder Lasten zu heben. Erstens ist die Anzahl der Elektronen in einem Stück Leitungsdraht, die allesamt zur magnetischen Kraft beitragen, astronomisch hoch. Ein einen Zentimeter langer und einen Millimeter starker Kupferdraht führt ungefähr 6×10^{20} Leitungselektronen. Zweitens heben sich die elektrostatischen Kräfte zwischen großen Objekten fast genau auf. Andernfalls würden sie die magnetischen Kräfte weit übertreffen. Im Bereich der Atome, wo die Coulombkräfte zwischen den Elementarteilchen eine Rolle spielen, nimmt die magnetische Wirkung, verglichen mit den elektrischen Wechselwirkungen, einen untergeordneten zweiten Platz ein.

Nebenbei bemerkt, zeigt die Existenz magnetischer Kräfte, daß relativistische Effekte auch bei niedrigen Geschwindigkeiten, wie 1 cm/Sek., sehr stark sein können, entgegen der Annahme, sie könnten nur bei nahezu Lichtgeschwindigkeit beobachtet werden.

10 Der Grund ist einfach der, daß AM-Radioübermittler ebenfalls vertikale Antennen haben. Das bedeutet, daß das elektrische Feld in der vom Sender verbreiteten elektromagnetischen Welle vertikal polarisiert ist. Um eine maximale Übertragungsleistung zu bekommen, sollte die Empfängerantenne auch vertikal ausgerichtet sein.

11 Während eines Gewitters kann man sich in einem Flugzeug relativ sicher fühlen, gleiches gilt für ein Auto.

Zunächst einmal ist es sehr unwahrscheinlich, daß ein Flugzeug oder ein Auto getroffen werden, da beide nicht geerdet sind, aber der Blitz den für ihn bequemsten Weg zum Erdboden sucht.

Zweitens wirkt ein geschlossener metallischer Käfig wie ein elektrostatischer Schutzmantel. Die Elektronen des Blitzstrahls werden gemeinsam an die äußere Metallfläche des Flugzeugs zurückgestoßen und schlagen einen Bogen zur Erde oder einer Wolke, während die Insassen in Sicherheit bleiben.

Ganz allgemein können elektrische Ladungen, die sich außerhalb eines hohlen Leiters befinden, im Inneren desselben nicht einmal ein Feld aufbauen oder eine Ladung auf seinen Innenwänden induzieren (Bild). Wenn im Hohlraum des Leiters elektrische Kraftlinien vorhanden wären, würden sie an ein und demselben Leiter beginnen und enden. Dies ist jedoch nicht möglich, da eine elektrische Feldlinie nur zwei Punkte unterschiedlicher Spannung miteinander verbinden kann, während zwischen den Punkten einer Metalloberfläche kein Spannungsunterschied bestehen kann.

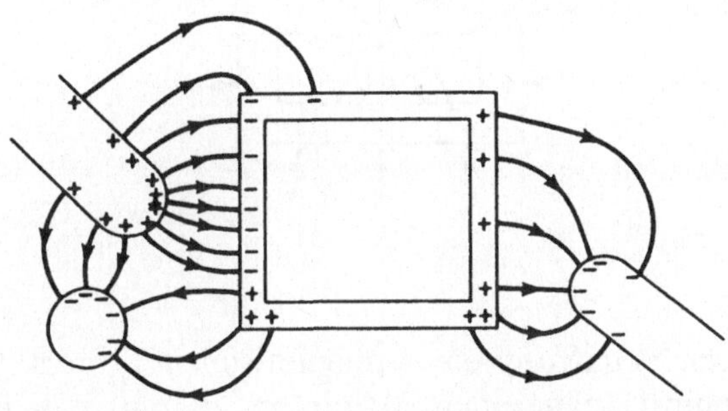

12 Ja. Wenn in dem metallisch abgeschirmten Raum die Ladung $+Q$ gegeben wird, tritt auf der Innenfläche des Schirms die Ladungsmenge $-Q$ auf (Bild Seite 118), auf der Außenfläche die Ladungsmenge $+Q$. Alle drei Ladungen zusammengenommen bauen außerhalb des Schirms das gleiche elektrische Feld auf, das eine einzelne, nicht abgeschirmte Ladung $+Q$ hervorrufen würde. Auf diese Weise können wir deshalb die Ladung nicht abschirmen.

Dieses Problem ist jedoch zu lösen, indem man den Metallschild erdet, d.h., direkt oder indirekt durch einen dünnen Draht mit dem Erdboden verbindet. Man bewirkt hierdurch, daß die Ladung der äußeren Schirmoberfläche fast völlig auf die Erdoberfläche übergeht. Dies geschieht auf Grund der enormen elektrischen Kapazität bzw. Ladungsspeicherfähigkeit der Erde, wobei sich die Kapazität eines kugelförmigen Leiters zum eigenen Radius proportional verhält. Da die Feldlinien zwischen der Ladung $+Q$ im Innenraum und der auf die Innenfläche induzierten Ladung $-Q$ die Metallwand des Schirms nicht durchdringen können, ist für einen Beobachter außerhalb die Ladung $+Q$ wirksam abgeschirmt. Es sei vermerkt, daß der Schirm so dünn sein kann wie eine Folie oder ein Aluminium-überzug.

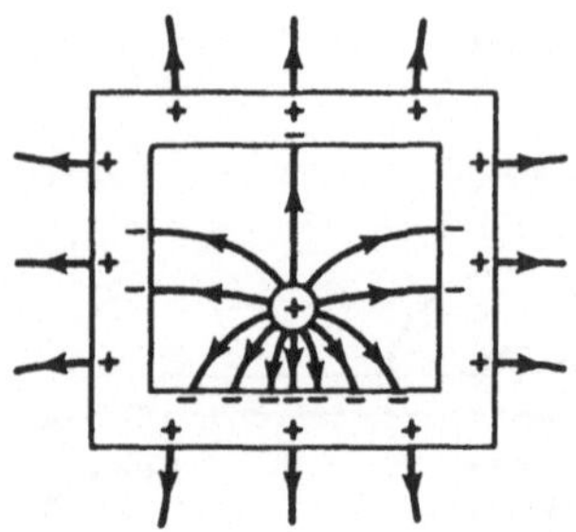

13 Ja. Durch Schaffung eines magnetischen Tripols. Normalerweise bekommt man einen Magneten, indem man mit einem Magneten über einen Stahlstab streicht oder den Stab kurzfristig in eine stromführende Spule setzt (Bild, Teil a). Stellen Sie sich einen nicht magnetisierten Stab vor, der aus vielen winzigen wahllos ausgerichteten Magneten besteht. Es ist klar, daß der Nordpol des hinüberstreichenden Magneten alle Südpole der winzigen Magneten anzieht und somit die im Schaubild aufgezeigte Magnetisierung herbeiführt. Nehmen wir nun an, wir verwendeten zwei Magneten, von denen jeder über eine Hälfte des unmagnetischen Stabes fährt (Bild, Teil b). Auf diese Weise wird, so unglaublich es auch scheinen mag, ein magnetischer Tripol produziert*. Ein Tripol schwebt natürlich immer über einem anderen Tripol, ungeachtet ihrer relativen Ausrichtung. Einen Tripol kann man auch erhalten, indem man einen Stahlstab in eine so gewickelte Spule bringt, daß sich die Richtung der Wicklung in der Mitte umkehrt.

---

* In der Technik bekannt als Folgepole.

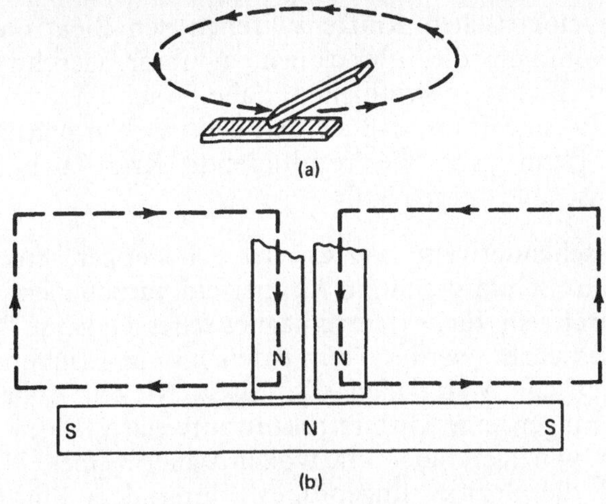

14 Wenn auch parallellaufende Elektronenstrahlen „gleiche Ströme" zu bilden scheinen, stoßen sie sich paradoxerweise ab! Es ist nicht so schwierig, den Grund zu finden. Die Gesamtkraft zwischen fließenden Ladungen besteht aus einer elektrischen und einer magnetischen Kraft. Im Fall zweier Drähte, die gleiche Ströme führen, neutralisieren sich die Ladungen der positiven Ionen und der Leitelektronen im Draht gegenseitig, so daß die elektrische Kraft zwischen ihnen genau Null ist. Auf der Drahtoberfläche könnten ein paar elektrische Ladungen vorhanden sein, die man aber bei nicht zu großen Spannungsdifferenzen vernachlässigen kann. Daraus ergibt sich, daß die einzig verbleibenden Kräfte in diesem Fall die geschwindigkeitsabhängigen magnetischen Kräfte sind. Normalerweise sind sie, verglichen mit den elektrischen Kräften, extrem schwach. Bei zwei Drähten jedoch addieren sich die magnetischen Kräfte von ungefähr 10^{20} Elektronen! So ist es kein Wunder, daß die resultierende magnetische Anziehungskraft gut beobachtet werden kann.

Für den Fall zweier parallellaufender Elektronenstrahlen ist die magnetische Anziehungskraft zwischen den Strahlen trotz hoher Geschwindigkeit der Elektronen sehr schwach, und zwar infolge der verschwindend geringen Anzahl der Elektronen in den Strahlen, verglichen mit der Anzahl der Leitelektronen im Draht. Konsequenterweise müssen die abstoßenden elektrischen Kräfte zwischen den Elektronen überwiegen. Kommen die Elektronen in ihrer Geschwindigkeit jedoch der Lichtgeschwindigkeit nahe, wachsen die magnetischen Kräfte soweit an, daß sie den elektrischen nahezu gleichkommen. Dann geht die resultierende Kraft zwischen den Elektronenstrahlen gegen Null.

15 Überraschenderweise ist es viel schwieriger, einen wirksamen Schutzschild gegen ein Magnetfeld aufzubauen. Es kann jedoch durch ein dickes ferromagnetisches Gehäuse beträchtlich abgeschwächt werden. Wir rufen uns in Erinnerung, daß ferromagnetische Materialien wie Eisen, Nickel, Kobalt sowie ihre Legierungen eine Gitterstruktur aufweisen. Darin ist jeder Bezirk ein winziger, aber kraftvoller Dauermagnet. Normalerweise sind die Bezirke ungeordnet. Unter dem Einfluß eines äußeren Magnetfeldes richten sie sich teilweise einheitlich aus, und so kann das Feld des Ferromagneten sehr stark werden. Dies wird im Schaubild durch die eng verlaufenden magnetischen Feldlinien in der Wand des ferromagnetischen Gehäuses angezeigt (siehe Schaubild). Das Magnetfeld konzentriert sich deutlich in der Gehäusewandung selbst, anstatt stark in den umschlossenen Innenraum einzudringen. Wenn das Gehäuse ausreichend dickwandig ist, kann die Stärke des Magnetfeldes im Innenraum auf ein Tausendstel der Stärke des anderen Feldes oder weniger reduziert werden. In ähnlicher Weise schwächt ein ferromagnetischer Schirm, der eine stromdurchflossene Spule umschließt, deren Magnetfeld im Außenbereich des Schirms.

All diese Darlegungen sind ebenfalls auf langsam veränderliche (bis zu mehreren tausend Hertz) Magnetfelder anwendbar. Gegen Magnetfelder hoher Frequenz ist jedoch ein Gehäuse aus einem guten Leiter wie Kupfer oder Aluminium ein besserer Schutzschild als ein ferromagnetisches Gehäuse. Bei hohen Frequenzen hat die Abschirmung gegen Magnetfelder die Erzeugung von Gegenmagnetfeldern zur Folge, die durch Wirbelströme in dem leitenden Gehäuse induziert werden. Es ist sehr interessant, daß dieselbe Methode zum vorbeugenden Schutz gegen elektromagnetische Wellen angewendet werden kann.

Elektromagnetische Schirme machen sich die Tatsache zunutze, daß eine elektromagnetische Welle gleichzeitig ein elektrisches und ein magnetisches Feld enthalten muß, damit sie sich selbständig im Raum ausbreiten können. Eliminieren wir

entweder die magnetische oder die elektrische Komponente der
Welle, stockt jeweils auch die andere. Elektrische Felder lassen
sich leichter abschirmen als magnetische. Deshalb benutzt man
Abschirmungen, die die elektrische Feldkomponente einer elektromagnetischen Welle eliminieren. Ohne die elektrische Komponente kann auch das Magnetfeld nicht weiter fortschreiten
und wird damit ebenfalls ausgelöscht. Folglich ist ein geschlos-
senes Gehäuse, das aus einem guten elektrischen Leiter besteht
und durch eine elektrische Leitung mit geringem Widerstand
mit der Erde verbunden ist, ein wirksamer Schild gegen elektromagnetische Interferenzen.

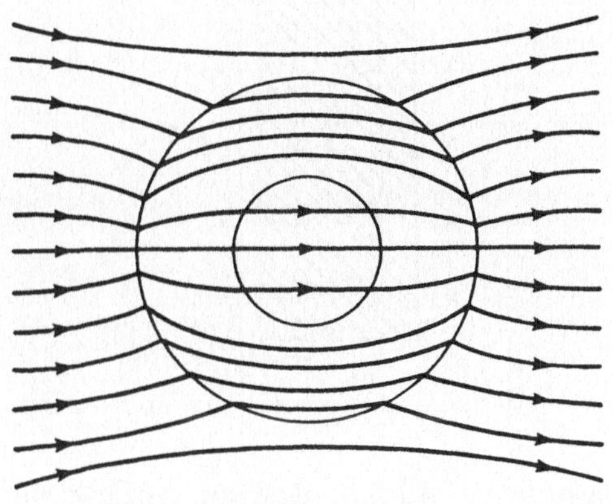

16 Das nachfolgende Bild zeigt einen vergrößerten Längsschnitt
durch einen Draht, der sich in einem Magnetfeld befindet, das
senkrecht auf der Zeichenebene steht. Nehmen Sie an, in dem
Draht fließt ein Strom in Richtung zum oberen Rand der Nuch-
seite. Auf die Elektronen, die den Strom bilden, wirkt seitwärts
eine Kraft vom Betrag $F = qv \times B$. Die Folge ist, daß die Elektronen nach rechts getrieben werden. Ein Elektronenüberschuß
auf der rechten und ein Elektronenmangel auf der linken Seite
bestimmen eine abstoßende Kraft, die der nach rechts gerichteten Elektronenbewegung entgegenwirkt. Diese Erscheinung ist
der bekannte Hall-Effekt. Die Elektronen werden sich solange
auf der rechten Seite anhäufen, bis die abstoßende Kraft stark
genug geworden ist, die durch das Magnetfeld verursachte Kraft

zu kompensieren, und von nun an wirkt keine Kraft mehr auf die Elektronen. Man beachte jedoch, daß die positiven Ionen des Metalls ortsfest sind, so daß keine magnetische Kraft auf sie wirkt. Aber sie erfahren eine elektrische Kraftwirkung — infolge der Anhäufung der Elektronen auf der rechten Seite. Diese elektrische Kraft zieht die Ionen nach rechts und läßt damit die Bewegung des ganzen Drahtes entstehen. Die Paradoxie wird daher durch die Überlegung aufgeklärt, daß das elektrische, nicht das magnetische Feld die Bewegung des Drahtes verursacht.

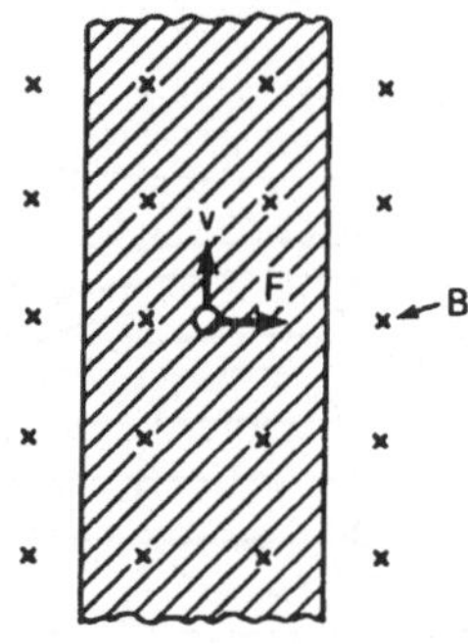

17 Wir nehmen den Fall an, daß zu Anfang die obere linke Dose, *A*, ein wenig stärker negativ geladen ist als die obere rechte Dose, *B*. Die anfängliche Ladungsasymmetrie ist rein zufällig und kann von der Aufladung durch kosmische Strahlung herrühren oder von der natürlichen Radioaktivität oder sogar von der übriggebliebenen Restladung der vorangegangenen Ausführung dieses Experiments. Auf Grund der Drahtverbindung wird dann auch die untere rechte Dose, *D*, stärker negativ geladen sein als die linke untere Dose, *C*. Das Wasser, das aus den Öffnungen der Zuleitungen austritt, tropft durch die oberen Dosen herab. Diejenigen Tropfen, die durch Dose *A* fallen, verlassen diese Dose positiv geladen, weil der negative Dosenboden negative Ladungseinheiten des Wassers zurückstößt. Die in den Tropfen enthaltene positive Ladung wird dann entgegen der elektrostatischen abstoßenden Kraft der Dose *C* und entgegen der Anziehungskraft, die die Dose *A* ausübt, durch das Tropfengewicht heruntergetragen in die positiv geladene Dose *C*. Die

Ladungsverteilung erklärt die Neigung des Tropfen, zu zersprü-
hen, sobald sie sich der unteren Dose nähern. Folglich speichern
sich positive Ladungen in Dose C, die bereits zu Beginn positiv
sein sollte. Der entsprechende Vorgang läuft auf der anderen
Seite ab, wobei das Vorzeichen der gespeicherten Ladungen in
Dose D negativ ist. Ein Funke wird sichtbar, wenn sich die
Dosen entladen.

18 Einige Lehrbücher behaupten tatsächlich, daß sich die Kondensatorplatten im zweiten Experiment abstoßen. Dies ist glatter Unsinn. Entgegengesetzt geladene Platten müssen sich anziehen. Was manche Leute übersehen, ist, daß zur Aufrechterhaltung der konstanten Spannung zwischen den Kondensatorplatten Arbeit geleistet werden mußte, wobei den Platten ein
Teil der Ladung entzogen wurde, während die Kapazität ab-
nahm. Genau gesagt ist bei einer Spannung V eine Ladungsmenge, gegeben durch $V\Delta C$, wobei ΔC die Kapazitätsvermin-
derung ist, abgeflossen. Somit beträgt die geleistete Arbeit
$V^2\Delta C$, zuzüglich eines gewissen Arbeitsaufwandes W zur Überwindung der Anziehungskraft beim Entfernen der Platten voneinander. Dieser zweimalige Energieverbrauch summiert sich
zu einem Gesamtenergieverlust, der durch $1/2\, V^2\Delta C$ gegeben
ist. Also ist $W = -1/2\, V^2\Delta C = F\Delta d$, wobei Δd das Größer-
werden des Abstands bezeichnet. Da ΔC negativ ist, ist F positiv. Folglich war eine positive Kraft notwendig, um die Platten
auseinanderzuziehen, ebenso wie für den ersten Fall, in dem die
Kraft zwischen den Platten als Anziehungskraft erkannt war.

19 Die relativ niedrigen Frequenzen (540 bis 1600 Kilohertz,
d.h., 540 000 bis 1 600 000 Hertz), die für AM (Amplitude Mo-
dulation)-Übermittlung benutzt werden, erfordern Wellenlängen
zwischen 200 und 500 Metern. Elektromagnetische Wellen dieser Länge werden von großen Objekten leicht absorbiert. Das
ist der Grund dafür, daß ein Kofferradio nur unbefriedigende
Leistung bringt, wenn man es in einem Gebäude mit Stahlge-
rüst benutzt. FM-Übermittlung macht andererseits von sehr
hohen Frequenzen (VHF) Gebrauch, die sich zwischen 88 und
108 Megahertz, d.h., zwischen 88 und 108 Millionen Hertz bewegen. Diese Frequenzen erfordern Wellenlängen von ungefähr 3 Metern. Der FM-Radiokanal ist in der Tat genau in der
Frequenzlücke zwischen den Fernsehkanälen 6 und 7 ange-
siedelt. Signale auf diesen Frequenzen, einschließlich der Fern-
sehsignale werden nicht von großen Objekten wie Gebäuden

oder Brücken absorbiert, sondern von ihnen reflektiert und in alle Richtungen verbreitet. Gelegentlich können ein direktes und ein reflektiertes Signal derselben Station gleichzeitig empfangen werden. Dadurch kommt es beim Fernsehen zu „Schattenbildern“, bei FM Stereo zu Verzerrungen oder Störgeräuschen. Von solchen Störungen jedoch abgesehen, wird der FM-Empfang durch große Objekte nicht ernsthaft beeinträchtigt, vor allem nicht in den Sendebereichen starker Sender.

9
Licht und Sehvermögen

1 Ein Regenbogen ist Teil eines kreisförmigen Ringes. Sein Mittelpunkt liegt deutlich erkennbar unterhalb des Horizonts auf einer geraden Linie, die von der Sonne durch den Kopf des Beobachters führt. Die Strahlen vom Regenbogen zum Auge bilden mit der Achse des Regenbogens einen Winkel von ungefähr 42° (Bild). Je tiefer die Sonne sinkt, desto höher steigt der Mittelpunkt des Regenbogens, so daß oberhalb des Horizonts ein immer größerer Teil des Regenbogens erscheint, bis er bei Sonnenuntergang Halbkreisform erhalten hat. Wenn die Sonne andererseits höher als 42° steht, verschwindet der Regenbogen vollkommen unterhalb des Horizonts.

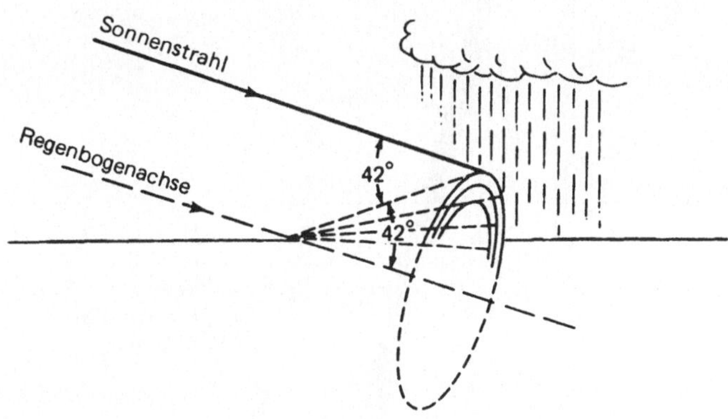

2 Wenn eine Substanz ausreichend erhitzt wird, sind die äußeren Elektronen (d.h., die am weitesten vom Kern entfernten) in der Lage, auf eine energiereichere Bahn zu springen. Sobald sie auf eine energieärmere Bahn zurückspringen, geben sie die überschüssige Energie durch Abstrahlung elektromagnetischer Wellen ab. Wenn sich die Wellen im sichtbaren Abschnitt des Spektrums befinden, nehmen wir sie als Glühlicht wahr. Nun sind in Metallen die äußeren Elektronen ziemlich locker mit dem Kern verknüpft, so daß sie nicht viel Energie brauchen, um ein höheres Energieniveau zu erreichen. Es fällt ihnen auch leicht, auf ein niedrigeres Niveau zurückzuspringen. In Quartz hingegen sind die äußeren Elektronen stärker an die Kerne gebunden, so daß selbst eine Temperatur von 800°C nicht ausreichend ist, um Energiesprünge zu höheren Niveaus zu veranlassen.

3 Der Widerspruch ist nur ein scheinbarer. Das Auge des Beobachters empfängt Licht, das vom unteren Ende des Stabes, *B* (Bild), reflektiert wird. Der Lichtstrahl von *B* zum Auge des Beobachters verläuft jedoch über Punkt *C*. Dem Beobachter erscheint es so, als käme das Licht aus der Richtung, in der *C* liegt, von einem Punkt *E* her. Beachten Sie, daß Punkt *E* höher liegt als *B*, daher sieht es so aus, als würde der Stab nach oben abgewinkelt.

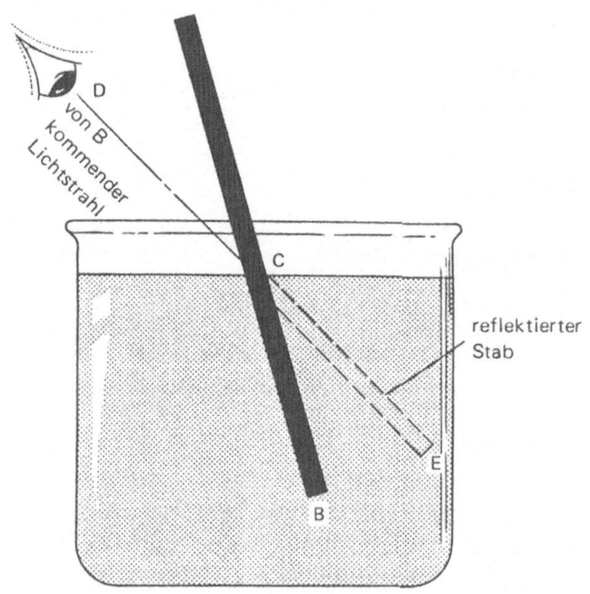

4 Auf der Netzhaut wird ein Bild der Außenwelt, mit Hilfe von Sinneszellen, den „Stäbchen" und „Zapfen" wie ein Mosaik zusammengefügt. Die Durchmesser dieser Sinneszellen liegen ungefähr in der Größenordnung der Wellenlängen des Lichts. Soll das Auge zwei kleine Gegenstände unterscheiden, müssen ihre Bilder auf verschiedene Sinneszellen fallen. Mit weniger Stäbchen und Zapfen würde folglich das Bild der Außenwelt aus weniger Teilen zusammengesetzt, und wir würden weniger deutlich sehen. Andererseits dürfen die Stäbchen und Zapfen sinnvollerweise nicht wesentlich kleiner sein, denn sonst würden sie überhaupt nicht auf sichtbares Licht reagieren. Denken Sie daran, daß die Stäbchen und Zapfen in gewisser Weise den Antennen gleichen, deren Abmessungen stets auf die Wellenlängen, die sie empfangen, abgestimmt sein müssen. Wir sehen daran, daß die Augen, um überhaupt nützlich funktionieren zu können, eine bestimmte Minimalgröße haben müssen. Sie brauchen jedoch keineswegs größer zu sein. Daher erscheint sinnvoll, daß die Augen eines Elefanten nur ein wenig größer sind als die unsrigen.

5 Die Paradoxie beruht auf der Tatsache, daß „oben" und „unten" als eindeutige Richtungsangaben verstanden werden, während „links" und „rechts" subjektive Orientierungen bedeuten. Somit gehören diese beiden Begriffssetzungen zwei gänzlich verschiedenen Kategorien an. Oben und unten sind, wie ost und west, allgemeingültige Begriffe. Zwei Beobachter, die sich am gleichen Ort befinden, werden, ungeachtet ihrer Blickrichtung, darin übereinstimmen, in welche Richtung es nach Osten bzw. Westen geht sowie darin, welcher Weg nach oben oder nach unten führt. Dagegen sind links und rechts Ortsbestimmungen, die auf den jeweiligen Beobachter bezogen sind. Daraus ergibt sich, daß zwei sich anschauende Personen uneinig darüber sind, wo rechts bzw. links ist.

Nehmen wir an, eine Person steht auf einer Linie mit Ost-West-Richtung vor einem senkrechten Spiegel, so daß ihr linker Arm nach Westen und ihr rechter nach Osten zeigt. Im Spiegelbild zeigen ebenfalls der linke und der rechte Arm nach Westen bzw. nach Osten, wenn man die Blickrichtung des Beobachters der Richtungsaussage zugrunde legt. Es gibt hier ebensowenig eine Verkehrung der Richtungen wie es eine Umkehrung von oben und unten gibt. Andererseits stehen sich die Person und ihr Spiegelbild gegenüber, und wenn das Spiegelbild lebte, hätte es die entgegengesetzte Auffassung bezüglich der Richtungen links und rechts.

6 Das Lochmonokel funktioniert, weil es das Auge in eine Lochkamera verwandelt, die sich durch unendliche Schärfentiefe auszeichnet. Das Auge selbst kann automatisch denselben Effekt bewirken. In sehr hellem Licht zieht sich die Pupille zusammen, womit sie einen Teil der Aberration ausschaltet und das Sehvermögen verbessert. Eine Art des Schielens, das „scheinbare Schielen", das bei Abweichungen der Pupillenachse von der Sehachse auftritt, nutzt dasselbe Prinzip der Reduzierung schwach fokussierten Lichtes aus. Darüber hinaus kann man sich auch mit den Fingern einer oder beider Hände ein Guckloch schaffen. Dies ist zweckmäßig, wenn man beim Schwimmen seine Brille nicht zur Hand hat.

7 An einem klaren Tag erscheint der Himmel deswegen blau, weil die Luftmoleküle das kurzwellige Licht blauer und violetter Farbe stärker streuen als die roten und gelben Farben aus dem ankommenden „weißen" Sonnenlicht. Dunst-, Nebel- und Wolkentröpfchen jedoch sind so groß oder größer als die Wellenlängen des Sonnenlichts, und sie bevorzugen bei der Lichtstreuung keine Wellenlänge; alle werden gleich stark gestreut. Daher erscheint der Himmel weiß, wenn die Atmosphäre dunstig oder wolkig ist.

8 Ein Grund dafür ist, daß wir uns so entwickelt haben, daß 83 % des Sonnenlichts, das die Erde erreicht, in unseren Wahrnehmungsbereich fällt. Darüber hinaus ist das menschliche Auge äußerst sensibilisiert für den gelb-grünen Bereich des Lichtes, der vorteilhafterweise auch mit dem Maximum der Sonnenenergieabgabe zusammenfällt.

Eine andere Erklärung kann gefunden werden, wenn man den Sehvorgang untersucht. Licht mit Wellenlängen, die viel kürzer als die des sichtbaren Lichts sind, würde genug Energie mit sich führen, um die organischen Moleküle der Augen zu zerstören, so z. B. Röntgenstrahlen oder ultraviolette Strahlung. Licht mit längeren Wellenlängen, wie Infrarotstrahlung und Mikrowellen, hätte andererseits nicht genug Energie, um molekulare Veränderungen der Netzhaut auszulösen. Folglich könnte kein Seheindruck in das Gehirn gelangen.

9 Auch wenn Glas durchlässig aussieht, wird nur ein Teil des Lichts, das auf eine Fensterscheibe fällt, hindurchgelassen. Ein kleinerer Teil wird reflektiert und fällt zurück ins Zimmer. Dieses reflektierte Licht ist es, das das spiegelähnliche Verhalten des Fensters bei Nacht bewirkt. Tagsüber wird das wenige reflektierte Licht durch das viel hellere Tageslicht überstrahlt.

10 Sehr leicht und auf mindestens zwei Wegen — so, wie es in der bildlichen Darstellung zu sehen ist. In (a) müssen die Spiegel im rechten Winkel zueinander angeordnet sein und auch so, daß sie eine gemeinsame Schnittkante haben. In (b) wurde ein dünnes Metallblatt, das man so gut poliert hat, daß es ein Spiegelbild liefern kann, so weit gebogen, bis man ein unverzerrtes Bild seines Gesichts erhielt. In beiden Fällen ist das Spiegelbild reell und nicht seitenverkehrt. Man kann dies überprüfen, indem man z. B. mit dem rechten Auge zwinkert. Anstatt des linken Auges im Spiegelbild, d. h., anstatt des Auges, das unserem rechten direkt gegenüberliegt, zwinkert das *rechte* Auge des Spiegelbilds. Somit können wir uns zum ersten Mal genau so im Spiegel sehen, wie andere uns sehen!

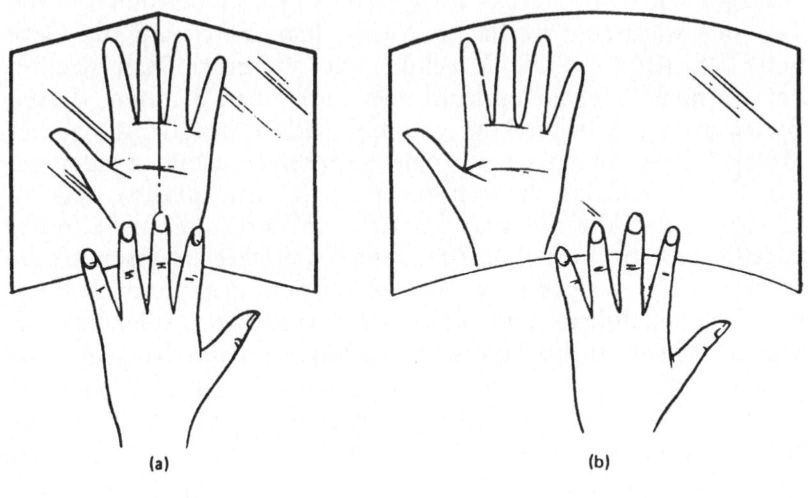

(a)   (b)

11 Die Erklärung sagt die falsche Rotationsrichtung der Flügel voraus. Tatsächlich drehen sie sich in die Richtung, bei der die *silbrigen* Seiten vorauslaufen, *es sei denn*, das Vakuum in der Glasbirne ist nahezu vollkommen. Dann und nur dann ist die Erklärung aus dem Aufgabentext richtig. Andernfalls überwiegen die Rückstoßkräfte des Gases. Doch selbst in diesem Fall ist die gängige Argumentation falsch, die behauptet, daß die Moleküle der verbleibenden Luft, die die wärmere schwarze Seite bombardieren, mit einer größeren Geschwindigkeit zurückprallen und so der schwarzen Seite einen größeren Rückstoß geben als die Moleküle, die die kältere silbrige Seite bombardieren. Daraus ergibt sich die richtige Drehrichtung der Flügel, es wird aber nicht erklärt, warum der Strahlungsmesser nur bei herabgesetztem Druck funktioniert.

Wir müssen bedenken, daß der auf die Oberfläche ausgeübte Druck nicht nur zu dem Impuls proportional ist, der durch den Aufprall der einzelnen Moleküle übertragen wird, sondern ebenso von der Anzahl abhängt, mit der die Moleküle pro Zeiteinheit auf die Oberfläche treffen. Die von der wärmeren Oberfläche mit größerer Geschwindigkeit zurückprallenden Moleküle können wirksamer als langsamere Moleküle das Aufprallen weiterer Gasteilchen auf die Flügel behindern. Dies kommt der Aussage gleich, daß jeder örtliche Temperaturanstieg der Luft schnellstens durch eine geringere Luftdichte ausgeglichen wird. Daraus folgt, daß der Druck auf den größten Teil der warmen Oberfläche gleich dem Druck auf die kalte Seite ist. Aber für die Moleküle, die auf einen Randstreifen der warmen Seite zielen, und zwar auf einen Streifen, dessen Breite etwa ebensogroß ist wie die mittlere freie Weglänge der Moleküle, ist die Situation eine andere. Teilweise werden sie von den Molekülen, die von den Flügeln zurückprallen, teilweise von denen, die die Flügelränder von der kälteren Seite her überfliegen, in ihrer Bahn behindert. Letztere bremsen sie jedoch weniger wirksam ab, so daß auf dem genannten Streifen pro Flächeneinheit und Zeiteinheit vermehrt Moleküle aufprallen. Daher ist der Druck in der Nähe des Randes größer als in der Mitte der warmen Seite und daher auch größer als der Druck auf der anderen Seite, wodurch die Rotation der Flügel hervorgerufen wird.

Dies erklärt, warum man die Drehung nur bei reduziertem Druck beobachten kann. Der für das Zustandekommen der Drehung entscheidende Druck wird ausschließlich auf einen Streifen, dessen Breite der mittleren freien Weglänge entspricht, ausgeübt, und sich am Flügelrand entlangzieht. Mit steigendem Druck wird der Streifen schmaler. Bei mittlerem Druck werden Konvektionsströme in dem ungleichmäßig erhitzten Gas dominant, die generell dazu neigen, die Flügel in entgegengesetzte

Richtung zu bewegen. Bei atmosphärischem Druck sind beide Effekte so gering, daß die Flügel nicht reagieren.

12 Der Strahlenmesser wird sich drehen, jedoch entgegengesetzt zur üblichen Richtung. Nach dem Kirchhoffschen Gesetz besitzen die schwarzen Oberflächen, die sich als gut geeignet erweisen, Licht und Wärmestrahlung zu absorbieren, auch ein gutes Emissionsvermögen. Sie kühlen schneller ab als die silbrigen Oberflächen, und daher überwiegt in diesem Fall der Druck entlang der Kanten der wärmeren silbrigen Oberflächen.

Interessanterweise stellt ein Strahlenmesser, der in einem Kühlschrank oder vor einem Heizgerät aufgestellt ist, allmählich seine Rotation ein, sobald die schwarzen und die silbrigen Flügeloberflächen die gleiche Temperatur wie der Kühlschrank bzw. die Wärmestrahlung erreicht haben. Ein von Sonnenlicht angetriebener Strahlenmesser hört nicht auf, sich zu drehen, da er niemals mit der Temperatur der einfallenden Strahlung ins Gleichgewicht kommen kann, d.h., mit der Temperatur der Sonnenoberfläche von ca. 6000°C.

13 Wie alle Energie kann sich Licht in Form von Wellen ausbreiten, so wie mechanische Energie in Form von Wellen über das Meer wandert. Meereswellen schwingen (oszillieren) vertikal, indem sie während ihres Fortschreitens auf die Küste zu eine Auf- und Niederbewegung des Wassers veranlassen. Bei Lichtwellen der Sonne sowie gewöhnlicher Glühbirnen treten die verschiedensten Schwingungsrichtungen auf: horizontal, vertikal und alle dazwischen liegenden Richtungen senkrecht zur Ausbreitungsrichtung.

Wenn Sie eine strahlend helle Straße hinunterschauen, wobei das grelle Sonnenlicht von Ihrer Motorhaube reflektiert wird und Sie blendet, enthält das Licht, das von den glänzenden Stellen her Ihre Augen erreicht, einen hohen Prozentsatz horizontaler Wellen; und zwar deswegen, weil Licht, das unter dem speziellen Winkel von 57° (Brewster-Winkel) auf eine glänzende Oberfläche fällt, von dieser gefiltert oder polarisiert wird, so daß nur die Wellen, die parallel zu der Oberfläche schwingen, reflektiert werden und die Augen erreichen. Da eine Motorhaube waagerecht ist, reflektiert sie die waagerechten Wellen in Ihre Augen.

Polaroid-Sonnenbrillen haben eine feine Struktur, die einem System vertikaler Gitterlinien vergleichbar ist, die so eng stehen, daß ihr Abstand so klein ist wie eine Amplitude einer einzelnen

Lichtwelle — ungefähr ein Millionstel Inch (1 Inch = 2,54 cm).
Durch diese Struktur wird das Licht vertikal polarisiert, indem
sie keine außer den vertikal schwingenden Wellen hindurchläßt.
So wird das grelle, von der waagerechten Fläche reflektierte
Licht von den Augen hinter der Brille abgehalten, da die waagerechten, im Brewsterschen Winkel kommenden Lichtwellen
nicht durch die Polaroid-Struktur, die quer zu ihnen verläuft,
passen. Die meisten wichtigen Dinge, die wir sehen können
müssen, befinden sich auf waagerechten Oberflächen (Straßen,
Fußböden, Wasserflächen); daher sondern vertikal polarisierte
Linsen das schlimmste Blendlicht aus. Durch diese Linsen können wir trotzdem deutlich sehen, denn es gelangen genügend
vertikale Wellen hindurch, um uns ein klares Bild zu verschaffen.

10
Das Raumschiff Erde

1 Sie alle sind wahr!

(a) Ein Regensturm tritt in einem Gebiet atmosphärischen Tiefdrucks auf. Bei geringerem Luftdruck auf unseren Körper dehnen sich die Gase in unseren Gliedern aus und verursachen Schmerzen.

(b) Einem Sturm geht oftmals feuchte Luft voraus. Frösche brauchen für ihr Wohlbefinden Feuchtigkeit auf der Haut; da feuchte Luft ihnen erleichtert, sich außerhalb des Wassers aufzuhalten, quaken sie bei derartiger Wetterlage länger.

(c) Eine heranrückende Tiefdruckzone verursacht häufig Südwind, der die Blätter umklappt.

(d) In großen Höhen bilden Eiskristalle sog. Zirruswolken, die einer Regenfront vorausgehen. Diese Kristalle brechen Mondlicht und lassen so einen Ring um den Mond entstehen.

(e) Die Ohren von Vögeln und Fledermäusen sind sehr empfindlich gegenüber Luftdruckveränderungen; der niedrigere Druck einer Unwetterfront könnte ihnen Schmerzen bereiten, wenn sie zu hoch fliegen würden, weil der Druck bei zunehmender Höhe abnimmt.

(f) Kälteempfindliche Grillen zirpen um so mehr, je heißer es ist. Man zähle das Zirpen einer Grille über einen Zeitraum von 15 Sekunden und addiere dann 37 — dadurch erhält man die Temperatur in Grad Fahrenheit.

(g) Zunehmende Feuchtigkeit bewirkt, daß Seile mehr Luftfeuchtigkeit aufnehmen und als Folge davon zusammenschrumpfen.

(h) Die Fische kommen wegen der Insekten herauf, die aufgrund des niedrigeren atmosphärischen Drucks dichter über dem Wasser fliegen.

(i) Zunehmender Wind, der oft einen bevorstehenden Sturm ankündigt, ruft, wenn er über die Telefondrähte hinwegbläst, einen hohen weinerlichen Ton hervor.

2 Ursache ist eine Eigenschaft des Wasserdampfes! Die Erde als relativ kalter Körper strahlt ihre Energie größtenteils in den längeren Infrarotwellenlinien ($4 - 70 \cdot 10^{-3}$ mm) aus. Nun trifft es sich gerade so, daß Wasserdampf ein ausgezeichneter Absorber der Infrarotstrahlung ist. Daraus ergibt sich, daß sogar in äußerst klaren Nächten eine feuchte Atmosphäre die Wärmeabstrahlung ins All stark behindert, so daß die niedrigsten nächtlichen Temperaturwerte an Orten mit sehr trockener Luft vorkommen.

3 Der küstennähere Teil jeder Welle bewegt sich in flacherem Wasser. Die dortige Bodenreibung bewirkt eine Verlangsamung der Wellen. Also bewegt sich der küstennähere Teil langsamer als der Teil in tiefem Wasser. Die Folge ist, daß sich die Wellenfront näherungsweise parallel zum Küstenverlauf wendet (Bild). Die Zeichnung läßt auch erkennen, daß dieser Vorgang den Effekt der Konzentration von Wellenenergie an Landzungen mit sich bringt. Das ist eine moderne Ausdrucksweise für den alten Seemannsspruch „Die Spitzen der Landzungen locken die Wellen an".

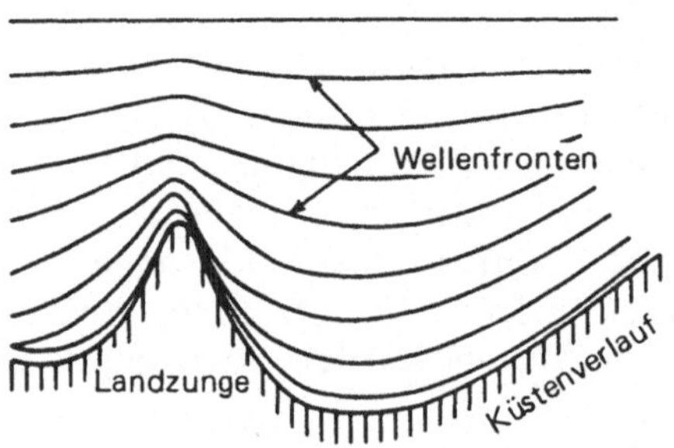

4 Dieses ist ein Beispiel für eine Temperaturumkehrung, wobei die Temperatur mit zunehmender Höhe ab- statt zunimmt. In klaren windstillen Nächten sind Temperaturumkehrungen nicht ungewöhnlich, da der Erdboden durch Abstrahlung verhältnismäßig mehr Wärme abgibt als die darüberliegende Luft, was zur Folge hat, daß der Boden nachts rapide abkühlt. Windmangel trägt dazu bei, denn er verhindert die Vermischung kälterer und wärmerer Luftschichten.

5 Wenn wir eine Kompaßnadel so lagern, daß sich ihre Enden auf und ab bewegen können, sehen wir, daß sich die Nordspitze von der Horizontalen aus ungefähr 60° bis 70° neigt. Ein Blick auf die Erdkugel wird uns überzeugen, daß das Nordende einfach die kürzeste Route durch die Erde zum magnetischen Pol in Nordostkanada anzeigt. In ähnlicher Weise drehen sich die Elementarmagnete bzw. Weißschen Bezirke in ruhenden Eisenkörpern, bis sie eine Richtung einnehmen, bei der ihr zum nördlichen Magnetpol der Erde orientiertes Ende 60° bis 70° abwärts zeigt und ihr südlich orientiertes Ende in die genau entgegengesetzte Richtung. Die Gesamtwirkung von Millionen solcher Elementarmagnete, die alle in dieselbe Richtung zeigen, ergibt am unteren Ende einen magnetischen Nordpol und am oberen einen Südpol.

6 Gase, in diesem Fall Wasserdampf, setzen beim Übergang in den flüssigen und/oder festen Zustand Energie frei. Umgekehrt müssen feste Körper zum Schmelzen und Flüssigkeiten zum Verdampfen Energie aufnehmen.

7 Verkehrsflugzeuge haben Druckkabinen. In einer Höhe von 30 000 Fuß (= 9144 m) wird die Luft auf die Druckverhältnisse in Meereshöhe verdichtet. Dieser Prozeß würde die Temperatur auf 130 °F ansteigen lassen, wenn nicht Klimaanlagen benutzt würden, um der Luft Wärme zu entziehen.

8 Der Effekt kann durch die Corioliskraft entstehen, die an den Polen ungefähr 50 % stärker ist als in mittleren Breitengraden. Beim Gehen korrigiert man normalerweise eine durch die Corioliskraft verursachte Richtungsabweichung leicht und ganz unbewußt. Auf dem Eis jedoch, das jede kleine Richtungskorrektur wegen der geringen Reibung erschwert (das Gehen aber doch noch ermöglicht!), würde jemand, der 4 Meilen pro Stunde (= 6,437 km/h) zurücklegt, nach einer Meile (= 1,609 km) ungefähr 250 Fuß (= 76,20 m) vom beabsichtigten geraden Weg nach Norden bzw. Süden abkommen. Man sagt, daß sogar die Pinguine im Bogen nach links watscheln, wobei der Autor für die Wissenschaftlichkeit dieser Aussage nicht garantieren kann.

9 Das ist falsch! Wenn die Winde geradewegs in die Gebiete niedrigen Drucks einfallen würden, könnten sich keine starken „Hochs" oder „Tiefs" entwickeln, so daß unser Wetter viel weniger wechselhaft wäre als es ist. Infolge der durch die Erddre-

hung verursachten Corioliskraft werden die Winde auf der Nord-
halbkugel jedoch aus jeder beliebigen Richtung nach rechts
abgelenkt. Folglich beginnt die gesamte, ursprünglich auf
ein Tiefdruckgebiet zutreibende Luftmasse, sich entgegen
dem Uhrzeigersinn zu drehen (Bild). Dies wiederum führt dazu,
daß das Tiefdruckgebiet nur verzögert aufgefüllt wird, weil mit
der Drehbewegung eine Zentrifugalkraft auftritt, die die Luft-
massen vom Zentrum des Tiefs fernhält. Auf der südlichen
Erdhalbkugel bewirkt die Corioliskraft eine Linksdrehung, und
daher entspricht die Umdrehungsrichtung dem Uhrzeigersinn.

In der Nähe des Äquators ist die Corioliskraft gleich Null
oder sehr schwach. Dort werden alle atmosphärischen Druckunterschiede, die durch Lufterwärmung am Boden hervorgerufen werden, schnell ausgeglichen, so daß das Gebiet verdienter-
maßen den Namen „Gegend der Windstillen" trägt. Hurrikane
und Taifune entstehen selten in der Zone zwischen dem 5. südlichen und 5. nördlichen Breitengrad.

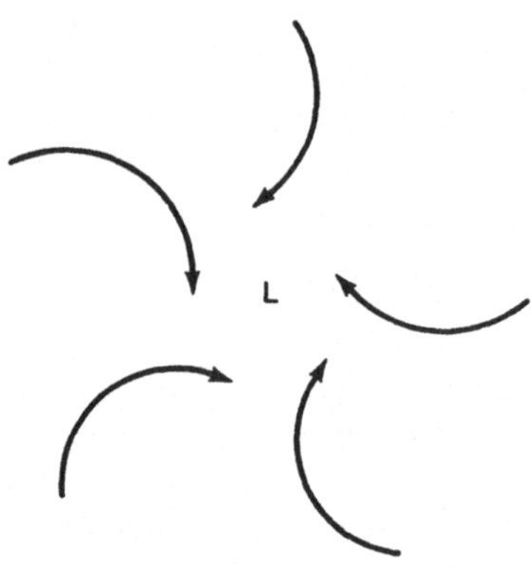

10 1. Die Blickrichtung des Beobachters kann man herausfinden, indem man mit der Situation bei zwei anderen geometrischen Breiten vergleicht. Am Nordpol wäre der Sonnenstand
während des Tages nahezu konstant. Auf Breitengraden, die
den 48 südlicher liegenden Staaten zuzuordnen sind, erreicht
die Sonne ihren höchsten Stand genau im Süden und ihren niedrigsten beim Aufgehen im Osten sowie beim Untergehen im
Westen. Wir gehen davon aus, daß in dem Maße, in dem wir

weiter nach Norden kommen, die Orte des Sonnenauf- und
-untergangs sich nördlich verschieben, bis sie genau im Norden
von uns zusammentreffen. Deshalb muß der Beobachter nach
Norden geblickt haben.

10 2. Die Sonne erreicht ihren höchsten Stand genau im Süden.
Dieser Zeitpunkt ist bekannt als örtlicher Mittag. Den niedrigsten Stand bekommt man dann zur örtlichen Mitternacht.

11 Es gibt drei verschiedene Möglichkeiten, die Entstehung
der Windungen zu erklären.

Die erste bietet ein mechanisches Modell. Nehmen wir an,
daß eine kleine Flußbiegung gerade mit einer geringen Gelände-
unebenheit zusammentrifft. Sobald das Wasser eine gekrümmte
Bahn durchläuft, erfährt es eine Zentrifugalkraft, und zwar in
der Weise, daß sie das Wasser nach außen, also an das nach innen gekrümmte Ufer abdrängt. An der Oberfläche des Flusses
unterliegt das Wasser am wenigsten den Reibungseinflüssen, die
vom Flußbett ausgehen, und treibt quer zur Strömung zum
äußeren Ufer. Es wird von unten her ersetzt durch das Wasser,
das sich auf dem Grund des Stroms in entgegengesetzter Richtung bewegt (Bild Seite 139, Teil a)! Dazu gehört eine abwärts
laufende Strömung am nach innen gekrümmten Ufer, das dadurch ausgespült oder sogar fortgerissen wird, je nach Stärke der
Krümmung. So formt sich der Fluß ein Bett, das eher aussieht,
als müsse er sich zwischen Hügeln hindurchschlängeln, als daß es
mit einer Bahn vergleichbar wäre, die das Wasser wie im Eil-
tempo in tieferliegende Gegenden führen könnte. Es kann jedoch sein, daß die Schwerkraft den Fluß in eine andere Krümmung und eine abschüssigere Bahn führt und damit eine entgegengesetzte Biegung ausbildet. Entsprechend kann sich der
Prozeß vielmals wiederholen.

Eine andere Erklärungsmöglichkeit liegt darin, daß die Windungen dem Fluß die Form zu geben scheinen, bei der Rich-
tungsänderungen mit geringstmöglichem Arbeitsaufwand gelin-
gen. Es ist klar, daß ein Richtungswechsel einer fließenden
Flüssigkeit Arbeit erfordert. Die Arbeit wird minimal, wenn
die Gestalt des Flusses der kleinstmöglichen Veränderung
unterliegt. Dieses Prinzip kann man veranschaulicht sehen,
wenn man aus einem dünnen elastischen Stahlband verschiedene Figuren biegt, dadurch, daß man es an zwei Punkten
festhält und den Abschnitt zwischen den Fixpunkten sich
selbständig gestalten läßt (Bild, Teil b). Das Metallband wird

jeweils eine Form annehmen, durch die es so wenig wie möglich an seiner vorigen Form ändert. Auf diese Weise wird die gesamte zum Krümmen notwendige Arbeit so gering wie möglich gehalten, da sich die geleistete Arbeit für jeden Längenabschnitt proportional zum Quadrat seiner Winkelabweichung verhält. Die Krümmungen sind keine kreisförmigen, parabolischen oder Sinuskurven. Es sind spezielle Funktionen, die als elliptische Integrale bekannt sind.

Das dritte Erklärungsmodell für die Ausbildung der Windungen ergibt sich durch eine Analyse des Flußlaufes mit Hilfe der Begriffe Zufall und Wahrscheinlichkeit. Man kann nachweisen, daß bei der Ausbildung einer Verbindungsbahn bestimmter Länge zwischen zwei festen Punkten immer die Tendenz auftritt, Windungen zu bilden. Der Beweis stützt sich auf Erkenntnisse über das Entstehen zufälliger Bahnen, in denen ein beweglicher Punkt eine von Zufallsprozessen (wie z.B. das Werfen eines Würfels oder eine zufällig numerierte Tischordnung) bestimmte Richtung einschlagen kann, während er in einer bestimmten Anzahl von Schritten zwischen zwei festen Punkten wandert. Der wahrscheinlichste Weg solch eines beweglichen Punktes ist ein Serpentinenmuster, das ähnliche Proportionen zeigt, wie die, die man bei Flüssen festgestellt hat. Es ist ein Paradoxon der Natur, daß zufällige Prozesse in der Natur regelmäßige Formen hervorrufen können und daß regelmäßige Prozesse oft zufällige Formen zur Folge haben.

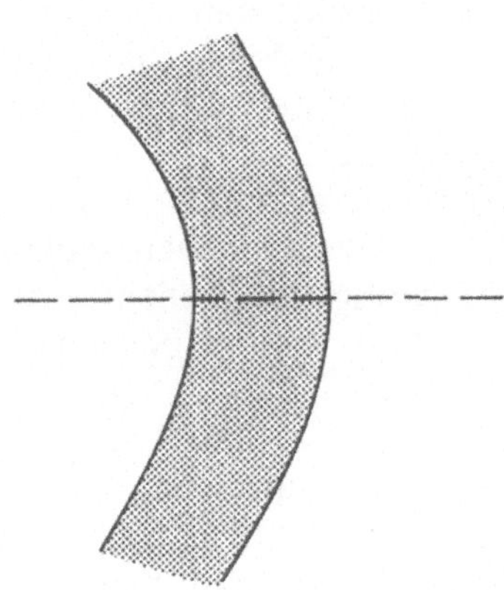

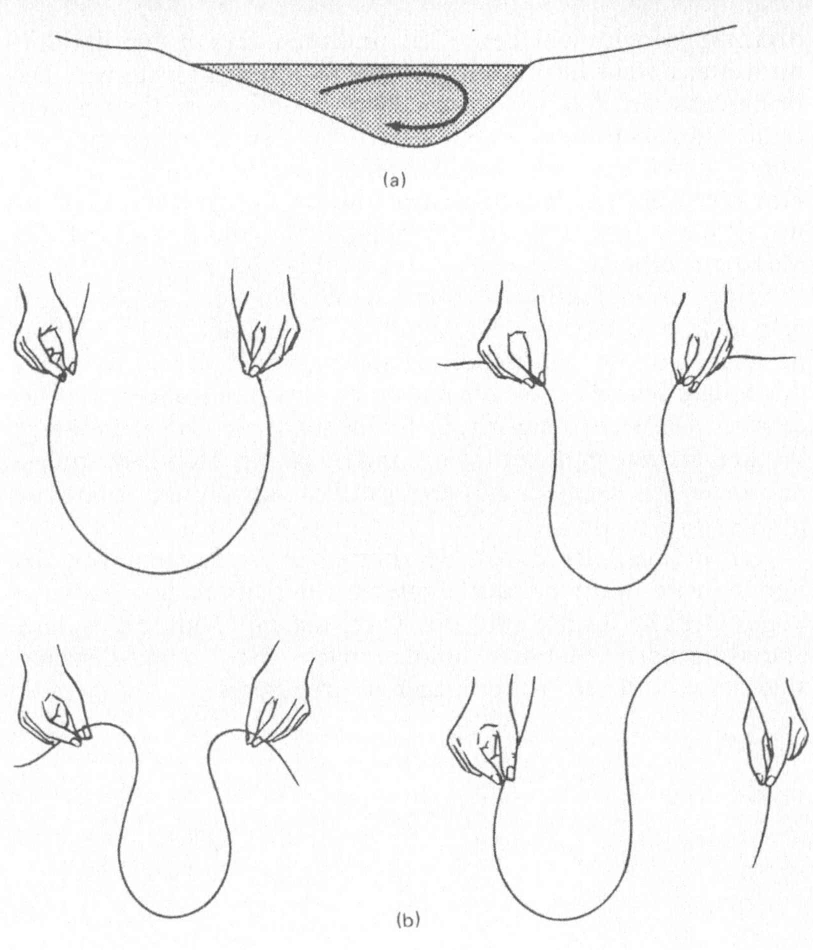

12 Die Erddrehung läßt uns periodische Vorgänge beobachten, die wir dazu benutzen können, eine Zeiteinheit zu definieren. Der einfachste dieser periodischen Vorgänge ist der Durchgang eines bekannten Sternes durch einen Meridian, eine gedachte Nord-Süd-Linie, die am Himmel direkt über uns verläuft. Ein Stern geht im Osten auf, überquert den Meridian und geht im Westen unter. Die so gemessene Zeit nennen wir Sternzeit. Ein Sterntag ist genau die Zeit für eine volle Erdumdrehung bezüglich der Fixsterne. Als Zeitmaß im alltäglichen Leben ist der

Sterntag jedoch nicht besonders praktisch, da wir von der Sonne weitaus mehr beeinflußt werden als von den Fixsternen. Das bringt uns auf den Sonnentag, den wir definieren als den Zeitraum zwischen zwei aufeinanderfolgenden Durchgängen der Sonne durch den örtlichen Meridian. Der Sonnentag ist ungefähr vier Minuten länger als der Sterntag, da sich die Erde ein wenig mehr als 360° drehen muß, damit die Sonne auf den Meridian zurückkehrt (Bild). Die Abbildung zeigt eine kreisförmige Erdumlaufbahn, aber in Wirklichkeit ist sie leicht elliptisch, und in einem Brennpunkt dieser Bahn steht die Sonne. Planeten mit elliptischen Bahnen bewegen sich in der Nähe der Sonne schneller, weiter entfernt von ihr langsamer. Das bedeutet, daß sich die Erde in Sonnennähe um einen größeren Winkel drehen muß, um die Sonne auf den Meridian zurückzubringen, als sie es in größerer Entfernung von der Sonne tun müßte.

Der Perihel, der Punkt der kürzesten Entfernung von der Sonne, wird während der Winterzeit der nördlichen Erdhalbkugel erreicht. Daher sind die Tage, die mit Hilfe der aufeinanderfolgenden Meridianüberquerungen der Sonne definiert sind, im nördlichen Winter länger als im Sommer.

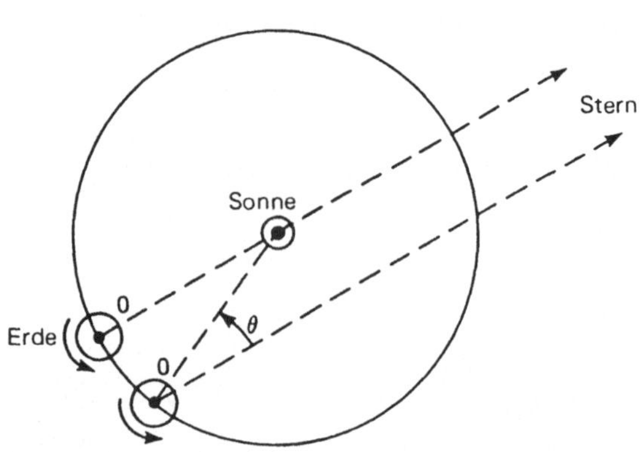

13 Die heutigen Landmassen verteilen sich zufällig so, daß ein Kontinent quer über dem Südpol liegt, und der Nordpol, obgleich ozeanisch, nahezu vom Land eingeschlossen ist. Diese beiden Besonderheiten machen es unmöglich, daß genügend

warmes Wasser aus den Tropen die Pole erreicht und die Eisbildung hemmt. Die derzeitigen polaren Eisschichten sind daher eine direkte Folge der Verteilung der Kontinente. Die Theorie vom Gefüge der Erdkruste läßt darauf schließen, daß in früheren geologischen Zeitaltern die Kontinente anders verteilt waren und dementsprechend die Bildung polarer Eisschichten behinderten.

14 Die astronomische Ursache ist die elliptische Umlaufbahn der Erde. Am Perihel, dem der Sonne nächstliegenden Punkt auf der Umlaufbahn, ist die Erde 1407×10^8 km von der Sonne entfernt. Am Aphel, dem von der Sonne fernsten Punkt, beträgt die Entfernung Erde-Sonne 1521×10^8 km. Das ist ein relativ geringer Unterschied, der aber nicht vernachlässigbar ist. Glücklicherweise wird für die nördliche Erdhalbkugel der Perihel während des Winters erreicht, was dazu beiträgt, den jahreszeitlich bedingten Abkühlungseffekt, der durch die Neigung der Erdachsen gegen die Ebene der Umlaufbahn bewirkt wird, zu mildern. Für die südliche Erdhalbkugel trifft das Gegenteil zu; das legt die Vermutung nahe, daß es hier kältere Winter und heißere Sommer geben müßte. Jedoch üben die größeren Ozeanflächen im Süden mäßigenden Einfluß aus. Die große Wärmekapazität des Wassers bewirkt, daß sich der Ozean im Sommer langsam erwärmt und im Winter langsam abkühlt. Dadurch sind die Sommer der südlichen Erdhalbkugel weniger heiß und die Winter weniger kalt als sie es sonst wären.

15 Richtig ist, daß in der Nähe des Bodens Hochs generell kalt und Tiefs warm sind. Für größere Höhen muß man jedoch die von der Höhe abhängige Druck- und Dichteveränderung in Betracht ziehen. Der Schwerkraft folgend, konzentriert sich der größte Teil der Atmosphäre in Bodennähe. Der Grund dafür, daß nicht die gesamte Atmosphäre vollkommen in sich zusammenfällt, liegt darin, daß die nach unten ziehende Erdanziehungskraft, die auf alle Luftmoleküle wirkt, durch den Auftrieb infolge höheren Drucks von unten ausgeglichen wird. Dies geschieht dann, wenn Druck und Dichte der Atmosphäre nach oben hin exponential abnehmen. Die exakte Formel dafür lautet $P = P_0 \, exp \, (-hg/RT)$, wobei h die Höhe und P_0 der Druck in Bodennähe ist. Wir stellen fest, daß der Druck in warmer Luft mit zunehmender Höhe langsamer abnimmt als in kalter Luft (Bild). Daraus ergibt sich, daß der Druck in jeder beliebigen Höhe innerhalb einer Wärmezone höher ist als innerhalb einer

Kältezone. Dieser auf die Horizontale bezogene Druckunterschied wächst mit der Höhe und ruft die Thermalwinde hervor.
Z.B. ist in Verbindung mit dem polar-subtropischen Tempera-
turunterschied der Thermalwind im allgemeinen immer West-
wind und erscheint als die den Pol umkreisende, wellenförmig
schlängelnde Aufwindströmung. In Frontsystemen besteht der
Thermalwind aus einer hochgelegenen Strömung, die entlang
der Frontlinie verläuft. Manchmal werden diese oberen Winde
durch Federwolken sichtbar, deren Richtung man an der
Wolkenbewegung ablesen kann.

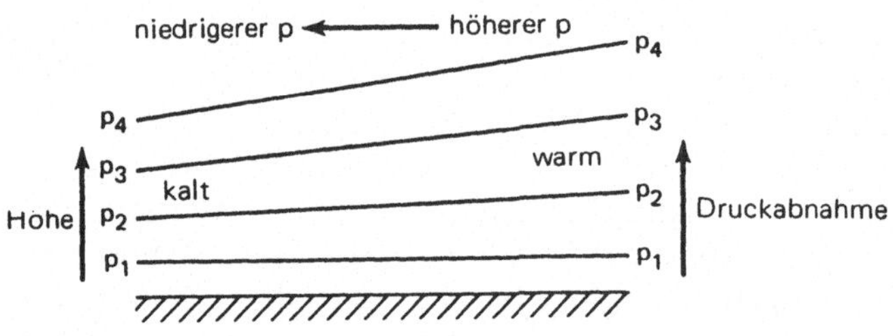

16 Man kann in einem einfachen Modell eine Bergkette durch
eine Hälfte eines längs durchgeschnittenen Zylinders mit der
Dichte d_m auf einer ebenen Fläche symbolisieren (Bild, Teil a).
Die für dieses Modell berechnete Winkelabweichung ist jedoch
viel größer als die tatsächlich beobachtete. Nehmen wir stattdessen an, daß die Bergkette durch einen langen Zylinder der Dichte d_m, der auf einer Flüssigkeit mit der Dichte $2d_m$ *schwimmt*,
dargestellt werden kann (Bild, Teil b). In diesem Modell kann
man zeigen, daß die Ablenkung des Senkbleis infolge der Bergkette Null ist. Physikalisch gesehen ist dieses Ergebnis durchaus
plausibel: die Masse, die die obere und dazu die untere Hälfte
des Zylinders füllt, ist genau die gleiche wie die Erdmasse, die
man in der unteren Hälfte vorfinden würde, wenn sich die Erde
nicht zu einer Bergkette aufgewölbt hätte. Daß diese Modell-
vorstellung das richtige Ergebnis liefert, hat Geologen zu der
Überzeugung kommen lassen, daß Berge und auch Kontinente
auf einer darunterliegenden Gesteinsschicht „schwimmen".

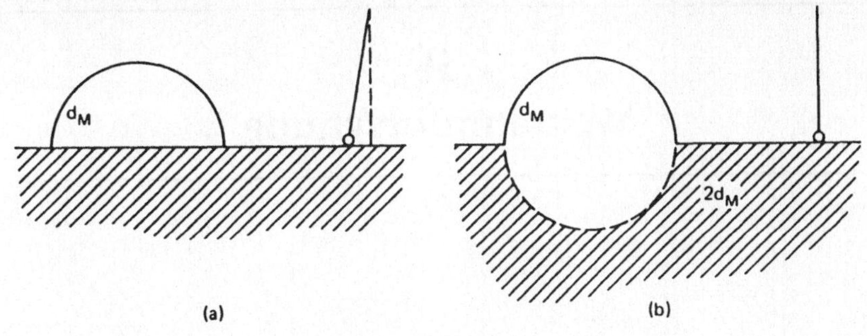

17 Der Zug, der nach Westen fährt. Seine Geschwindigkeit vermindert sich um die Geschwindigkeit der West-Ost-Drehung der Erde, während sich die Geschwindigkeit des nach Osten fahrenden Zuges entsprechend erhöht. Dies hat zur Folge, daß die Zentrifugalkraft, die der Gravitationskraft entgegenwirkt, für den nach Westen fahrenden Zug geringer ist und ihn entsprechend schwerer erscheinen läßt.

18 Astronomisch ist der Einbruch der Nacht definiert als der Zeitpunkt, zu dem die Sonne 18° unter den Horizont sinkt. In den Tropen durchläuft die Sonne eine viel steilere Bahn am Himmel als in den subpolaren Regionen, und folglich sinkt sie schneller unter den Horizont. Am Äquinoktium (21. März und 23. September) z.B. beginnt die Nacht am Äquator 1 Std. 12 Minuten nach Sonnenuntergang (z.B. Quito, Ecuador), auf dem 45. Breitengrad 1 Std. 44 Min. nach Sonnenuntergang (z.B. Portland, Oregon) und auf dem 60. Breitengrad 2 Std. 33 Min. nach Sonnenuntergang (z.B. Anchorage, Alaska). Darüber hinaus kann man unabhängig von der geographischen Breite feststellen, daß die Zeit zwischen Sonnenuntergang und Beginn der Nacht im Sommer kürzer ist als im Winter.

11
Weltraumforschung

1 Diesen Ort wählte man wegen der Größe der Wasserfläche, die sich von dort aus 5000 Seemeilen (= 9260 km) bis zur Küste Südafrikas erstreckt. Dieses große unbewohnte Gebiet überfliegen zu können, ist deshalb wichtig, weil so die ersten beiden Stufen dreistufiger Raketen über dem Atlantik gezündet werden können, so daß sie ins Wasser fallen und die Wahrscheinlichkeit gering ist, daß sie auf bevölkerte Gebiete herabstürzen.

Warum wählt man die Ostküste und nicht die Westküste für eine Abschußbasis? Eine Antwort gibt uns die Erddrehung. Eine am Boden befindliche Rakete in Cape Canaveral wird pro Stunde 910 Meilen (= 1464,49 km) nach Osten getragen. Diese Geschwindigkeit errechnet sich, indem man die Entfernung rund um die Erde auf dem örtlichen Breitengrad bei Cape Canaveral (28,5 °N) − 21 800 Meilen (= 37 301,39 km) − durch 24 Stunden teilt. Ein Satellit in einer kreisförmigen Umlaufbahn muß sich mit 17 300 Meilen pro Stunde (= 27 841,31 km/Std.) fortbewegen. Legt er auf der Erde bereits 910 Meilen pro Stunde zurück, beträgt die zusätzlich benötigte Geschwindigkeit nur noch ungefähr 16 400 Meilen pro Stunde (= 26 393 km/Std.). Umgekehrt müßte, wenn die Rakete in Richtung Westen abgeschossen würde, das Antriebssystem das Geschoß auf eine Geschwindigkeit von etwa 18 200 Meilen pro Stunde (= 29 289,81 km/Std.) bringen, um auf die Geschwindigkeit von 17 300 Meilen pro Stunde (= 27 841,31 km/Std.) westwärts zu kommen.

2 Nein. Die auf den Satelliten wirkende Gravitationskraft ist immer auf den Erdmittelpunkt gerichtet. Daher muß die Ebene seiner Umlaufbahn ebenfalls durch den Mittelpunkt der Erde führen. Damit ein Satellit jedoch über New York schweben könnte, müßte er sich ständig mit der gleichen Geschwindigkeit, mit der sich New York mit der Erde dreht, nach Osten bewegen. Solch eine Umlaufbahn würde den Erdmittelpunkt nicht einschließen; sie könnte deshalb nicht realisiert werden.

Wenn es auch nicht möglich ist, einen Satelliten direkt über New York schweben zu lassen, ist es doch exakt durchführbar, einen Satelliten so abzuschießen, daß man ihn von New York aus am Himmel stets an demselben Punkt sehen kann. Man stelle sich ihn auf einer West-Ost-Umlaufbahn über dem Äquator in einer mittleren Höhe von 22 300 Meilen (= 35 888,06 km) vor, das ist ungefähr das Fünfeinhalbfache des Erdradius. Der Satellit hat eine Umlaufzeit von 24 Stunden. Diese Tatsache nutzt man für das Entsenden von Nachrichtensatelliten. Drei gleichmäßig angeordnete Satelliten, die auf eine gleichlaufende Umlaufbahn gebracht werden, können die Erde abdecken.

3 Drehen Sie eine Münze auf dem Fußboden des Raumes. Die Münze wird sich nicht drehen wollen, weil sie wie ein Kreisel aufgrund des Drehimpuls-Erhaltungssatzes die Richtung ihrer Drehachse beizubehalten sucht, aber die Raumstation infolge ihrer Rotation diese Richtungskonstanz verhindert.

4 Ja. Die gesamte Energie der Rakete mit der Masse m und der Geschwindigkeit v beträgt auf der Oberfläche der Erde mit dem Radius R: $\frac{1}{2} mv^2 - \frac{1}{R} GMm$. Der Term vor dem Minuszeichen gibt die kinetische Energie der Rakete an, der zweite ihre negative potentielle Energie, die sie aufgrund ihrer Lage im Gravitationsfeld der Erde hat. Um aus dem Gravitationsfeld der Erde zu entkommen, muß die Rakete genug kinetische Energie besitzen, damit sie die Anziehungskraft überwinden kann, d.h., es muß gelten: $\frac{1}{2} mv^2 = \frac{1}{R} GMm$. Diese Gleichung gilt unabhängig von der Richtung der Geschwindigkeit v, so daß es gleichgültig ist, welchen Weg die Rakete einschlägt, falls der Luftwiderstand außer acht gelassen werden kann.

5 Es wäre schwieriger, weil die Bürgersteige glatter wären. Die Reibung zwischen den Schuhen und der darunter liegenden Oberfläche ist proportional zum Gewicht einer Person, das auf dem Mond nur ein Sechstel des Gewichts auf der Erde ausmacht.

6 Die startende Rakete ist generell größer als der Satellit. Folglich stößt sie auf größeren Luftwiderstand und verliert langsam an Höhe. Auf diese Weise verwandelt die Rakete ihre potentielle Energie in Arbeit zur Überwindung des Luftwiderstands sowie in zunehmende kinetische Energie, d.h., sie gewinnt eine größere Geschwindigkeit. Somit folgt die Geschwindigkeitszunahme aus dem Prinzip der Energieerhaltung.

7 Bevor ein Raumfahrzeug gestartet wird, rast es bereits mit einer Geschwindigkeit von 30 km/s zusammen mit der Erde um die Sonne. Um die Erde verlassen zu können, muß das Raumschiff eine Fluchtgeschwindigkeit (zu dem Moment, wo der Raketenmotor die Beschleunigung einstellt) von mindestens 11 km/s in bezug auf die Erde erreichen, unter der Voraussetzung, daß die Höhe zu diesem Zeitpunkt mindestens 200 Meilen (= 321,87 km) beträgt. Wenn das Raumfahrzeug mit Hilfe der Fluchtgeschwindigkeit ohne weitere Beschleunigung „nach oben" aus dem Gravitationsfeld der Erde heraus gelangt ist, hat sich seine Geschwindigkeit auf etwa 3 km/s verringert. Wird durch Abfeuern des Raumfahrzeuges in Richtung der Erddrehung die gesamte oder ein Teil dieser Restgeschwindigkeit zu den 30 km/s Geschwindigkeit bezügl. der Sonne hinzuaddiert, bewegt sich das Fahrzeug von der Erde fort und gelangt es auf eine elliptische Bahn in Richtung Mars. Wenn durch das Abschießen des Raumfahrzeuges in der zur Erddrehung entgegengesetzten Richtung die 3 km/s Restgeschwindigkeit von der Bahngeschwindigkeit der Erde um die Sonne abgezogen werden, fällt es hinter die Erde zurück auf eine elliptische Bahn in Richtung Venus.

8 Unter der Bedingung der Schwerelosigkeit, die für ein Raumschiff auf einer Umlaufbahn charakteristisch ist, ist das Gewicht nicht direkt meßbar, aber die Masse. Die Bestimmung der Masse ist mit Hilfe eines Grundgesetzes der Feder-Schwingungen möglich: Die Frequenz, mit der eine Feder schwingt, hängt von der Masse des Pendelkörpers ab. Skylab war mit einem auf Federn montierten Stuhl ausgerüstet. Die Astronauten sollten sich auf den Stuhl setzen, sich anschnallen und den Stuhl in Schwingungen versetzen. Der Stuhl war so ausgestattet, daß die Frequenz der Schwingungen genau festgestellt werden konnte. Aus der Frequenz konnte jeweils die Masse des Astronauten errechnet werden, und die Masse ist proportional zu dem Gewicht auf der Erde.

9 Ja. Diese paradoxe Tatsache kann man verstehen, wenn man sich klar macht, daß die Auspuffgase in bezug auf die Rakete ständig mit derselben Geschwindigkeit entweichen, solange jene gleichmäßig beschleunigt. Offensichtlich übersteigt die vorwärts gerichtete Geschwindigkeit der Rakete von einem bestimmten Punkt an die rückwärts gerichtete Geschwindigkeit der Gase, so daß sie, relativ zum Erdboden gesehen, beginnen, sich vorwärtszubewegen. Mathematisch kann man die Geschwindigkeit v einer Rakete zu einer beliebigen Zeit t mit Hilfe einer Gleichung in Abhängigkeit von der ursprünglichen Raketenmasse m_0, Raketenmasse m zum Zeitpunkt t und der Abgasgeschwindigkeit u in bezug auf die Rakete beschreiben. Die Gleichung lautet $v = u \, log_e \frac{m_0}{m}$. Hieraus kann man ablesen, daß die Auspuffgase in bezug auf den Erdboden in dieselbe Richtung gehen wie die Rakete, sobald die Rakete so viel Treibstoff verbrannt hat, daß $\frac{m_0}{m} > e$ ist, also auch $v > u$.

10 Die Raketenexperten haben Recht. Die Aussage aus der elementaren Mechanik über die parabolische Bahnform ist unter der Voraussetzung zu verstehen, daß die auf das Projektil wirkende Schwerkraft während des gesamten Fluges in dieselbe Richtung nach unten wirkt. Hier wird letztlich angenommen, daß die Erde flach sei. In Wirklichkeit ist die Kraft stets auf den

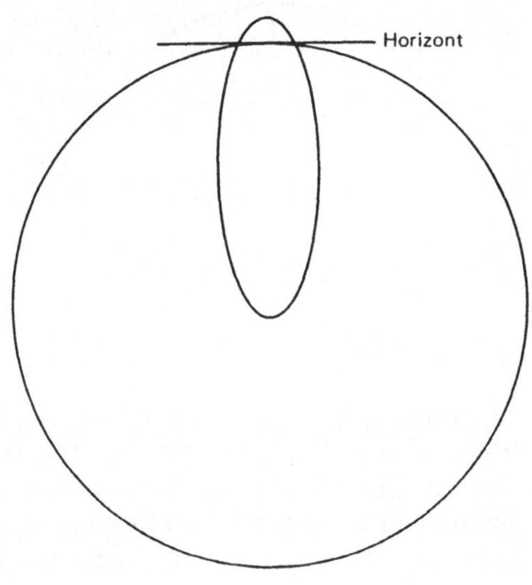

Mittelpunkt der Erde gerichtet und diese Richtung ändert sich von einem Punkt der Flugbahn zum andern. Daher folgt der Stein einer elliptischen Kurve mit dem Erdmittelpunkt in einem Brennpunkt. Für niedrige Geschwindigkeiten gilt jedoch, daß die Exzentrizität der Ellipse nahezu 1 ist (d.h., die Ellipse ist stark abgeflacht). Daraus ergibt sich, daß kleine Abschnitte der Ellipse vom Anfangs- bis zum Endpunkt der Bahn mit hinreichender Genauigkeit als Parabel betrachtet werden können (Bild).

11 Schwerelosigkeit kann erreicht werden, wenn ein Pilot einen sorgfältig ausgesteuerten parabolischen Kurs fliegt (Bild). Die Zentrifugalkraft (gestrichelter Pfeil) wird dann durch die Erdanziehungskraft (durchgezogener Pfeil) genau ausgeglichen. Ein Wurfgeschoß im Gravitationsfeld der Erde beschreibt ebenfalls eine parabolische Bahn und ist während der Wurfbewegung schwerelos. Wenn dies schwer vorstellbar erscheint, können Sie einen Nachweis führen, indem Sie ein Loch in den Boden eines Wassergefäßes bohren und dann dieses Gefäß im Bogen zu Boden werfen. Es wird kein Wasser aus dem Gefäß fließen, solange es sich im Flug befindet!

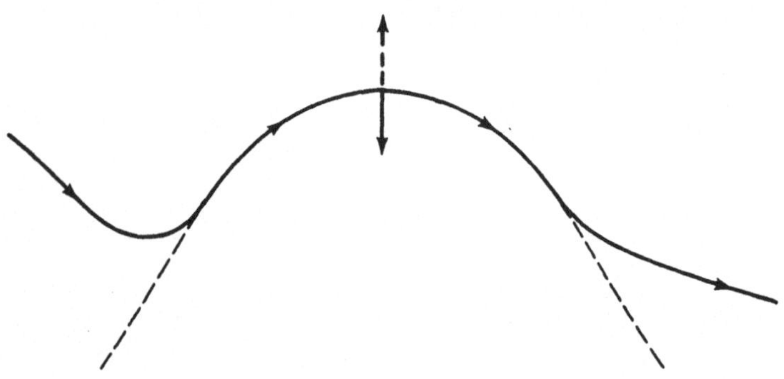

12 Während des Starts bzw. Landens erfahren die Astronauten eine Beschleunigung von $10-20\,g$ für die Dauer von vielen Minuten. ($1\,g$ ist die Beschleunigung, bei der die Geschwindigkeit in jeder Sekunde um ungefähr $10\,\text{m/s}$ zu- oder abnimmt, also die Größe der Beschleunigung eines Körpers im freien Fall.

Im britischen Maßsystem ausgedrückt ist 1 g gleich der Beschleunigung von 0 auf 60 Meilen/Std. (= 96,56 km/Std.) in etwa 3 Sekunden.) Man hat herausgefunden, daß die Beschleunigung auf den menschlichen Körper unterschiedlich wirkt, je nachdem, ob der Astronaut in Beschleunigungsrichtung liegt, so daß sein Blut vom Kopf in die Füße getrieben wird, oder ob er sich in Bauchlage befindet, so daß Kopf und Herz auf der gleichen zur Beschleunigungsrichtung senkrechten Ebene liegen. In aufrecht sitzender Haltung tritt schon bei 4—8 g Bewußtlosigkeit ein, während der Astronaut in Bauchlage kurzfristig bis zu 17 g aushalten kann, ohne das Bewußtsein zu verlieren.

13 Die Landeplätze befanden sich nicht etwa deshalb auf der uns zugewandten Mondseite, weil an der abgekehrten Seite kein Interesse bestanden hätte, sondern weil die Kommunikation mit der Erde über Radiowellen stattfinden mußte. Auf der erdferneren Seite hätten die Astronauten weder Funkmeldungen senden noch empfangen können, da sich elektromagnetische Wellen nicht durch das Mondinnere hindurch zur Erde hin fortpflanzen können.

12
Das Universum

1 Die Erde könnte leichter das Schwerefeld der Sonne verlassen als zu ihr hin gelangen. Die Erde rast mit einer Geschwindigkeit von 66 000 Meilen/Std. (= 106 215,78 km/Std.) um die Sonne. Ein von der Erde aus startendes Raumschiff müßte nur 28 000 Meilen/Std. (= 45 061,24 km/Std.) schneller sein, um das Sonnensystem verlassen zu können. Um aber einzudringen und die Sonne selbst zu erreichen, müßte ein Raumfahrzeug, dessen Ziel die Sonne ist und das von der Erde aus startet, eine wesentlich geringere Geschwindigkeit als die Erde bekommen, indem es in der zur Erddrehung entgegengesetzten Richtung auf nahezu 66 000 Meilen pro Stunde (= 106 215,78 km/Std.) beschleunigt würde. Die gleiche Bremsbeschleunigung müßte die gesamte Erde erhalten, bevor sie damit beginnen könnte, in ihren „Mutterstern" zu stürzen.

2 Die Mondoberfläche ist voll von Kratern, Talebenen und anderen Unebenheiten. Bei dieser Oberflächenbeschaffenheit entstehen lange Schatten, wenn die Sonnenstrahlen schräg auftreffen, wie während des ersten oder letzten Viertels. Die Schatten lassen die Oberfläche dunkler erscheinen als bei Vollmond, wenn die Sonne direkt von oben den größten Teil der Mondoberfläche bescheint. Man muß bedenken, daß infolge der Exzentrizität der Mondumlaufbahn um die Erde ein Vollmond dem anderen nicht gleicht! Die Entfernung der Erde vom Mond variiert zwischen mindestens 356 400 km und höchstens 466 700 km, und dementsprechend kann sich die Helligkeit des Vollmonds bis um höchstens 30 % verändern.

3 Nein. Die Drehung des Mondes um sich selbst hat sich mit seiner Drehung um die Erde synchronisiert. Folglich ist immer dieselbe Hälfte des Mondes der Erde zugewandt. Also wird einem Beobachter an einer beliebigen Stelle auf dem Mond die Erde immer an derselben Stelle des Himmels erscheinen. Zum Beispiel sieht man aus der Nähe des Mittelpunktes der sichtbaren Mondhalbkugel die Erde senkrecht über sich — wenn man von der geringfügigen Verdrehung des Mondes gegen seine mittlere Stellung, Libration genannt, absieht. Natürlich ist die Erde in den einzelnen Phasen zu sehen, so wie der Mond von der Erde aus zu sehen ist.

4 Nein. Eine feste Scheibe bewegt sich offensichtlich nicht auf diese Weise. Betrachtet man eine sich drehende Schallplatte, kann man sehen, daß sich der äußere Rand viel schneller bewegt als der innere. Aber genau, wie sich die Venus unter dem Einfluß der Sonne schneller als die Erde fortbewegt, bewegen sich Objekte, die dem Saturn näher sind, schneller als diejenigen, die weiter entfernt sind. Die Schlußfolgerung lautet, daß die Ringe aus Schwärmen kleiner Partikel bestehen, die von der Größe her zwischen Staub und großen Felsblöcken liegen und sich jeweils in einer eigenen Bahn um den Saturn befinden.

5 Da die Venus innerhalb der Erdumlaufbahn kreist, sehen wir ihre sonnenbeleuchtete Halbkugel in unterschiedlichen Intensitäten. Ihre Vollphase zeigt sich zum Zeitpunkt oberer Konjunktion (Bild), die Viertelphase durchschnittlich in der Nähe der

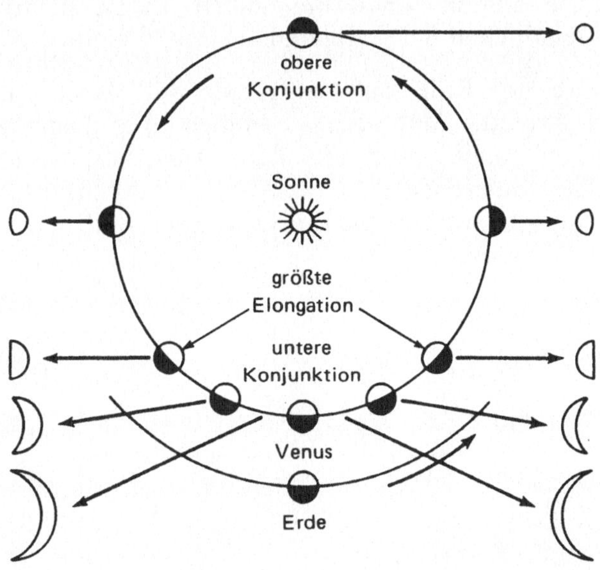

Elongationen und die Neuphase zum Zeitpunkt unterer Konjunktion. Paradoxerweise leuchtet die Venus für uns nicht dann am hellsten, wenn sie der Erde am nächsten ist (Neuphase), sondern während der Sichelphase (5 Wochen vor und nach der Neuphase). Dagegen kehrt die Erde ihre gesamte beleuchtete Halbkugel der Venus zu, wenn die beiden einander am nächsten stehen, so daß die Erde von der Venus aus heller erscheinen muß als die Venus für uns, obwohl die Erde weiter von der Sonne entfernt ist als die Venus.

6 Die Umlaufbahnen von Merkur und Venus liegen zwischen der Erde und der Sonne. Folglich sind sie für einen Himmelsbeobachter nie weit von der Sonne entfernt. Der maximale Winkelabstand des Merkur von der Sonne beträgt 28°, der der Venus 48°. Ein Beobachter, der den Himmel von einem Ort der Erde aus betrachtet, an dem Nacht ist, schaut von der Sonne weg. Merkur und Venus liegen hinter ihm in Richtung Sonne und sind daher am Nachthimmel nicht vorhanden.

Merkur gehört zu den hellsten Sternen, man kann ihn aber nur dreimal im Jahr für ein oder zwei Wochen abends und dreimal vor Sonnenaufgang sehen. Venus bleibt manchmal bis zu 4 Stunden nach Sonnenuntergang am Himmel, ist aber am besten als „Morgen-" oder „Abendstern" zu sehen. Es ist interessant, daß die Venus wie der Mond gelegentlich bei vollem Tageslicht sichtbar ist, so daß es vorgekommen ist, daß Kriegsschiffe auf sie geschossen haben, da sie sie irrtümlich für einen feindlichen Ballon hielten.

7 Die Seite der Erde, auf der gerade der Morgen anbricht, trifft mit zweierlei Meteoren zusammen, mit denjenigen, die ihr entgegenkommen und mit denjenigen, die sie überholt, während die entgegengesetzte Seite, auf der Abend ist, nur solche Meteore trifft, die auf die Erde zufliegen (Bild).

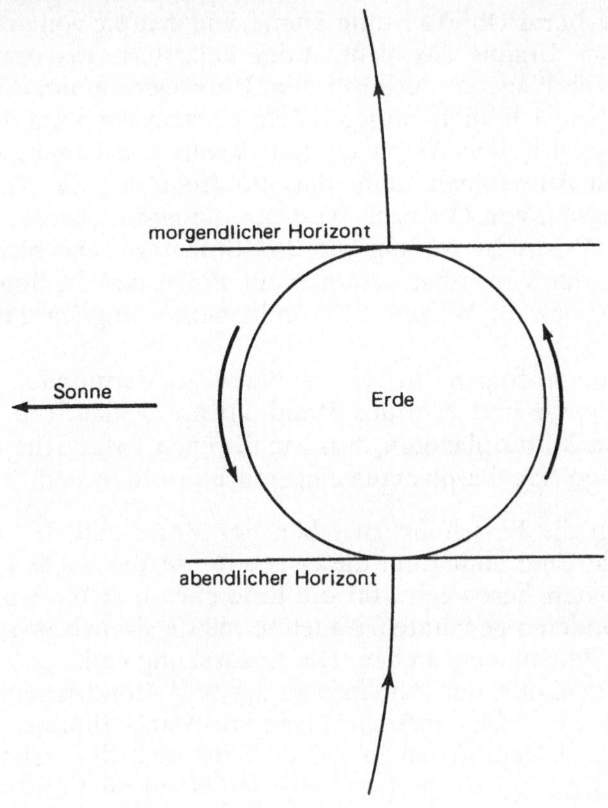

8 Das Gravitationsfeld der großen Planeten ist stark genug, um eine beträchtliche Atmosphäre anzuziehen und zu halten. Die Gase einer solchen Atmosphäre sind, verglichen mit dem Gestein im Hauptkörper des Planeten, von geringerer Dichte und senken die Durchschnittsdichte des Planeten als Ganzes erheblich.

9 Einige gibt es durchaus! Eins ist der innere Satellit des Mars, genannt Phobos, der den Mars in 7 Stunden 39 Minuten umkreist. Das ist weniger als ein Drittel der Umdrehungszeit des Mutterplaneten. Folglich wiegt die Umlaufbewegung des Phobos in Richtung Osten am Marshimmel bei weitem seine augenscheinliche durch die Marsdrehung verursachte Bewegung nach Westen auf, so daß Phobos im Westen auf- und im Osten untergeht.

Ein weiteres Objekt ist die Sonne, wie man sie von der Venus oder vom Uranus aus sieht. Vom Polarstern aus betrachtet, kreisen alle Planeten entgegen dem Uhrzeigersinn um die Sonne und drehen sich auch entgegen dem Uhrzeigersinn um ihre eigene Achse, d.h. von West nach Ost. Venus und Uranus sind die alleinigen Ausnahmen. Zum Beispiel dreht sich die Venus extrem langsam von Ost nach West um die eigene Achse. Ein Tag auf der Venus ist so lang wie 243 Erdentage. Die rückläufige Drehung der Venus hat natürlich zur Folge, daß die Sonne dort sehr langsam im Westen auf- und ebenso langsam im Osten untergeht.

Außerdem folgen die vier äußeren Jupitermonde, Saturns Mond Phoebe und Neptuns Mond Triton rückläufigen Bahnen um ihren Mutterplaneten, was ein Zeichen dafür sein könnte, daß sie von Nachbarplaneten eingefangen worden sind.

10 Wenn die Beziehung zwischen der Masse und der Zeit für eine volle Umdrehung um die eigene Achse, die aus den angegebenen Daten hervorgeht, für die Erde ebenso gelten würde wie für die anderen genannten Planeten, müßte sie sich in 15,5 und nicht in 24 Stunden drehen. Die Erddrehung verlangsamte sich jedoch im Laufe der Zeit infolge der vom Mond hervorgerufenen Gezeiten. Die anderen Planeten, Mars, Jupiter, Saturn, Uranus und Neptun haben keinen Satelliten, der, relativ zum eigenen Umfang, so groß ist, wie der Mond im Verhältnis zur Erde. Daher unterlagen sie keinem vergleichbaren Verlangsamungseffekt.

Der Mond selbst erfährt dabei eine noch größere Bremswirkung als die Erde. Während die Erde von der Gravitation des Mondes beeinflußt wird, wird der Mond von dem 81-fach stärkeren Gravitationsfeld der Erde beeinflußt. Die Monddrehung hat sich bezüglich der Erde bis zum vollkommenen Stillstand verlangsamt, so daß wir immer ein und dieselbe Seite zu Gesicht bekommen. In bezug auf die Sonne jedoch dreht sich der Mond um seine Achse. Sein Sonnentag beträgt etwa 29 1/2 Erdentage — die Zeit für seine Drehung um die Erde.

Die Umdrehungsdauer des Merkur wurde durch die Gezeitenwirkung der Sonne erheblich reduziert und beträgt jetzt 88 Tage, ein Zeitabschnitt, der gleich seiner Umlaufzeit um die Sonne ist. Auch die Geschwindigkeit der Venus wurde durch die Sonne verringert, so daß die Drehung um die eigene Achse jetzt 243 Tage dauert, ungefähr ebenso wie die Umdrehungszeit um die Sonne (225 Tage).

11 Nein, denn die von der Sonne beleuchtete Mondsichel umrahmt die Dunkelzone des Mondes, die jeden Stern, der sich an dem entsprechenden Teil des Himmels befinden mag, den Blicken entzieht.

12 Ja. Der Mond (und auch die Sonne) können sich nach großen Waldbränden oder Vulkanausbrüchen blau zeigen. Die von uns wahrgenommene Farbe des Mondes bzw. der Sonne ist überwiegend durch die Lichtstreuung bedingt, die an den Luftmolekülen erfolgt. Kurzwelligeres Licht (das blaue Ende des Spektrums) wird durch die Streuung stärker von seiner ursprünglichen Richtung abgelenkt als langwelligeres (das rote Ende). Deshalb sieht die untergehende Sonne rot aus; ihre blauen Lichtanteile sind überwiegend durch die Streuung so weit abgelenkt, daß wir sie nicht wahrnehmen können; und der Himmel erscheint uns deswegen blau, weil das, was wir als Himmel wahrnehmen, hauptsächlich das blaue Streulicht ist. Bei Bränden und Vulkanausbrüchen werden jedoch Teilchen in die Atmosphäre geschleudert, deren Abmessungen an die obere Grenze der Wellenlängen des sichtbaren Spektrums heranreichen (ca. 10^{-4} cm). Sie streuen paradoxerweise das rote Ende des Spektrums stärker als das blaue. Folglich sieht man als Beobachter den Mond ohne seine roten Lichtanteile, d.h. so, als sendete er nur Licht vom blauen Ende des Spektrums.

13 Ein Berg kann nicht über eine bestimmte kritische Höhe hinausragen, die auf der Erde bei ungefähr 90 000 Fuß (= 27 432 m) liegt. Jede größere Höhe würde das Gewicht des Berges bis zu dem Punkt anwachsen lassen, an dem sich seine Basis unter dem enormen Druck in Flüssigkeit verwandelt und somit bewirkt, daß der Berg unter die kritische Höhe sinkt. Auf dem Mars ist die Schwerkraft geringer als auf der Erde, die Berge sind deshalb leichter und können deshalb größere Höhen erreichen.

14 Der Eindruck, den man von der Ausrichtung der erkennbaren Gebilde an der Mondoberfläche hat, ist je nach der geographischen Breite des Beobachtungsstandorts und dem augenblicklichen Standort des Mondes im astronomischen Koordinatensystem sehr unterschiedlich. Folglich können die Mondberge (helle Flächen) und die Mondmeere (dunkle Flächen) vertikal, horizontal, schräg und in allen Zwischenlagen erscheinen, je nachdem, wo man sich auf der Erde befindet. Nehmen wir zwei Beobachter auf demselben Längenkreis an, einen vielleicht in Boston, den anderen in Santiago de Chile. Verglichen mit seinem Freund in Boston wird der Beobachter in Chile den Mond nur dann genau umgekehrt sehen, wenn der Mond genau im Süden steht. Zu anderen Zeitpunkten ist die relative Ausrichtung komplizierter.

15 Nicht sehr viel, da das Gewicht definiert ist als die Kraft, mit der die Erde den betreffenden Körper anzieht. Die Entfernung des Mondes von der Erde, R, ist so groß, daß die Formel für die Erdanziehungskraft

$$W_{\text{Mond}} = GM_{\text{Erde}} \cdot M_{\text{Mond}}/R^2$$

einen so großen Nenner hat, daß W_{Mond} nicht groß sein kann.

16 Ja! Die Entfernungen zwischen den einzelnen Sternen innerhalb einer Konstellation nehmen anscheinend zu, wenn die Konstellation dem Horizont nahe kommt. Dieser Effekt fällt insbesondere für die Winterkonstellation des Orion und die Sommerkonstellation des Cygnus (Schwan) auf.

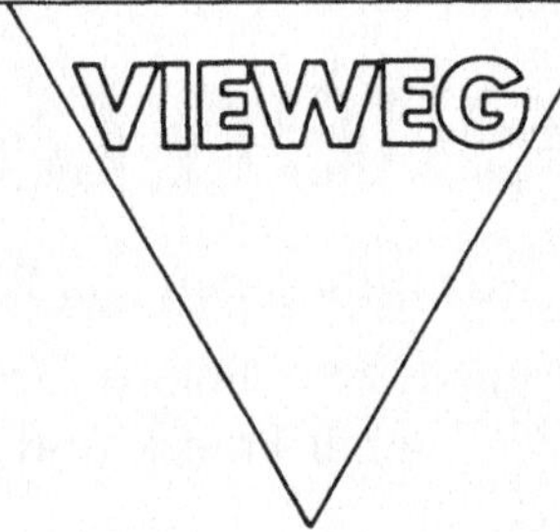

James L. Adams

Ich hab's!

Wie man Denkblockaden mit Phantasie überwindet
Aus dem Engl. von Wilfried Begemeier. 1984. VIII,
158 S. 14 X 22 cm. Geb.

Jeder Mensch steht in seinem Leben unzählige Male
vor Problemen. Für die Lösung greift er normalerweise den erstbesten Gedanken auf, der ihn ver-
meintlich dorthin führt, und erlebt oft einen
totalen Reinfall, weil er sich am Ende vor einem
noch größeren Problem als vorher sieht. Spätestens
in diesem Moment wird ihm klar, daß er wohl doch
den falschen Weg zur Problemlösung gewählt hat,
daß er nicht mehrere Ideen gegeninander abgewo-
gen hat, um seine Chancen für die beste Lösungs-
strategie zu erhöhen.

Unser Denken ist eingeengt durch „Blockaden", deren Wirkung oft so stark ist,
daß sie uns die Sicht auf mögliche Lösungen verbaut. Viele Lösungswege fallen uns einfach nicht ein, weil unsere Gedankengänge stereotyp oder durch
Tabus gehemmt sind — womit nur zwei der vielen Blockaden genannt sind.
Blockaden hindern uns daran, kreativ zu denken. Erfinderisches, phantasie-
volles, kreatives Denken will gelernt sein — wieder gelernt sein, denn ein Kind
von vier Jahren hat damit kaum Schwierigkeiten! Ohne kreatives Denken keine
erfolgreiche Problemlösung, wollen wir nur unser Badezimmer streichen oder
Erdöl aus Alaska transportieren.

James L. Adams, der Autor dieses Buches, ist Professor für Design und Kon-
struktionslehre in Kalifornien. Jahrelange Erfahrung mit Studenten in den
Entwurfsklassen oder mit privaten Freunden haben ihm gezeigt, wie blockiert
menschliches Denken ist, und haben ihm Strategien einfallen lassen, wie diese
Blockaden fast spielerisch gesprengt und gute Lösungen von Problemen gefunden werden können. Die in seinem Buch zusammengetragenen Ideen für
bessere Lösungsstrategien bei den unterschiedlichsten Problemen werden
unterstützt durch Beispiele, Spielanleitungen und Übungen und sind mit
phantasievoller Grafik illustriert. Der Leser ist verblüfft von dem Ideenreich-
tum und wird schon bald merken, wie sehr ihm die Lektüre hilft, die Barrieren
von Denkblockaden zu überwinden, wenn er nur die Anregungen des Autors
aufgreift und aktiv mitspielt.

Jeder sucht irgendwann nach der Lösung von Problemen — jeder sollte das
Buch lesen.